myBook+

Ihr Portal für alle Online-Materialien zum Buch!

Arbeitshilfen, die über ein normales Buch hinaus eine digitale Dimension eröffnen. Je nach Thema Vorlagen, Informationsgrafiken, Tutorials, Videos oder speziell entwickelte Rechner – all das bietet Ihnen die Plattform myBook+.

Ein neues Leseerlebnis

Lesen Sie Ihr Buch online im Browser – geräteunabhängig und ohne Download!

Und so einfach geht's:

– Gehen Sie auf **https://mybookplus.de**, registrieren Sie sich und geben
  Ihren Buchcode ein, um auf die Online-Materialien Ihres Buchs zu gelangen
– **Ihren individuellen Buchcode finden Sie am Buchende**

Wir wünschen Ihnen viel Spaß mit myBook+!

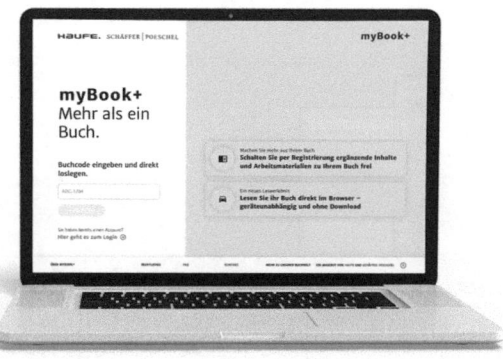

Wundermittel 4-Tage-Woche?

Guido Zander

Wundermittel 4-Tage-Woche?

Chancen, Risiken, Grenzen und flexible Alternativen

1. Auflage

Haufe Group
Freiburg · München · Stuttgart

Bibliografische Information der Deutschen Nationalbibliothek

Die Deutsche Nationalbibliothek verzeichnet diese Publikation in der Deutschen Nationalbibliografie; detaillierte bibliografische Daten sind im Internet über http://dnb.dnb.de/ abrufbar.

Print:	ISBN 978-3-648-17509-5	Bestell-Nr. 10994-0001
ePub:	ISBN 978-3-648-17510-1	Bestell-Nr. 10994-0100
ePDF:	ISBN 978-3-648-17511-8	Bestell-Nr. 10994-0150

Guido Zander
Wundermittel 4-Tage-Woche?
1. Auflage, Oktober 2023

© 2023 Haufe-Lexware GmbH & Co. KG, Freiburg
www.haufe.de
info@haufe.de

Bildnachweis (Cover): Groothuis. Gesellschaft der Ideen und Passionen mbH für Kommunikation und Medien, Marketing und Gestaltung | groothuis.de

Produktmanagement: Dr. Bernhard Landkammer
Lektorat: Ulrich Leinz

Inhaltsverzeichnis

Vorwort – von Thomas Sattelberger 11

Vorwort – von Cawa Younosi 15

Warum dieses Buch? 17

Erster Teil: 4-Tage-Woche 19

1   Typologie: Wie eine 4-Tage-Woche gestaltet sein kann 21

1.1   Typ 1: Arbeitszeitverdichtung bei vollem Lohnausgleich 21

1.2   Typ 2: Arbeitszeitreduktion mit vollem Lohnausgleich 22

1.3   Typ 3: Arbeitszeitreduktion ohne Lohnausgleich 23

1.4   Mischformen 23

2   Welche Voraussetzungen Unternehmen mitbringen sollten 25

2.1   Voraussetzung 1: Bedarfstyp 25

2.2   Voraussetzung 2: Öffnungs- bzw. Betriebszeit 28

2.3   Voraussetzung 3: Schweregrad der Tätigkeit 29

2.4   Voraussetzung 4: Ausgangsproduktivität der Unternehmen 30

2.5   Voraussetzung 5: Profitabilität der Unternehmen 31

2.6   Voraussetzung 6: Höhe der Wochenarbeitszeit 32

2.7   Voraussetzung 7: Größe des Unternehmens 32

2.8   Voraussetzung 8: Wettbewerbssituation 33

3   Auswirkungen der 4-Tage-Woche 37

3.1   Auswirkungen auf die Produktivität der Mitarbeiter 37

3.2   Auswirkungen auf die Mitarbeiterzufriedenheit 38

3.3   Auswirkung auf die Krankenquote 39

3.4   Auswirkungen auf die Arbeitgeberattraktivität 40

3.5   Auswirkungen angesichts des Fachkräftemangel 41

3.6   Auswirkungen auf die Erwerbsquote von Frauen 42

3.7   Auswirkungen auf den Energiebedarf 43

Zweiter Teil: Studien 45

4   Die Studienlage zur 4-Tage-Woche 47

4.1   Studie 1: Microsoft Japan 47

4.2   Studie 2: Island 49

4.3   Studie 3: UK-Studie 57

5   Fazit der Studienlage 65

Dritter Teil:
Alternativen zur 4-Tage-Woche 67

6   Arbeitszeitflexibilisierung als Alternative zur 4-Tage-Woche 69
6.1   Arbeitsflexibilisierung als strategische Maßnahme in Zeiten von Fachkräfte-
      mangel 69
6.2   Warum die 4-Tage-Woche im Schichtbetrieb schwerer umzusetzen ist als in ad-
      ministrativen Bereichen 73
6.3   Die aktuelle Lage im Schichtbetrieb 76
6.3.1 Üblicher 3-Schicht-Plan 76
6.3.2 Vollkontiplan mit kurzen Wechseln 79
6.3.3 Beispiele: Wie Sie Flexibilität, Menschlichkeit und Ökonomie vereinen 81
6.4   Arbeitszeitverkürzung als Basis für Arbeitszeitflexibilisierung 83
6.4.1 Lücken sind Voraussetzung für Flexibilität 84
6.4.2 Beispiele: Warum 35 Stunden mehr Flexibilität und Stabilität bedeuten 84
6.5   Flexibilität schlägt One-Size-Fits-All 86

7   So flexibilisieren Sie Arbeitszeiten richtig 89
7.1   Parameter der Arbeitszeitflexibilisierung 89
7.1.1 Gestaltungsparameter 1: Dauer und Lage der Arbeitszeit 90
7.1.2 Gestaltungsparameter 2: Wünsche und Verfügbarkeit der Mitarbeiter berück-
      sichtigen 90
7.1.3 Gestaltungsparameter 3: Ankündigungsfrist für einen Schicht- oder Dienstplan .. 90
7.1.4 Gestaltungsparameter 4: Langfristige Flexibilität 91
7.2   Vorgehen bei der Arbeitszeitflexibilisierung 91
7.2.1 Schritt 1: Analyse der Wünsche, Bedürfnisse und des Bedarfs 92
7.2.2 Schritt 2: Konzeption, Zielmodell und Umsetzung in mehreren Phasen 94
7.2.3 Schritt 3: Pilotierung und Umsetzung 95
7.3   Technik als Basis für Arbeitszeitflexibilisierung 97
7.3.1 Workforce-Management-Systeme 97
7.3.2 Weiterreichende Automatisierung von Anlagen 97
7.3.3 Arbeit menschlicher machen 98

8   Arbeitszeitflexibilisierung in der Praxis 99
8.1   Praxisbeispiel 1: Arbeitszeitflexibilisierung durch Arbeitszeitverkürzung
      (branchenübergreifend) 100
8.2   Praxisbeispiel 2: 5-Stunden-Tag (Wissensarbeit) 101
8.3   Praxisbeispiel 3: SSZ-Modell (Wissensarbeit) 104
8.4   Praxisbeispiel 4: Flexshift-Work© by SSZ Beratung (operativer Bereich) 106
8.5   Praxisbeispiel 5: Flexible Arbeitszeit mit Fertigungsinseln (operativer Bereich) .. 107

8.6   Praxisbeispiel 6: Flexible Ein- oder Zweischichtarbeit (operativer Bereich) 109

8.7   Praxisbeispiel 7: 4,x-Tage-Woche (Handwerk bzw. Saisonbetrieb) 111

8.8   Praxisbeispiel 8: Flexible Arbeitszeit (Pflegedienst) 112

8.9   Praxisbeispiel 9: Saison-Flex-Modell© by SSZ Beratung (Call-Center) 112

9   Fazit 115

Anhang 119

Über den Autor 121

Danksagung 122

Literaturverzeichnis 123

Stichwortverzeichnis 125

Vorwort – von Thomas Sattelberger

Die 4-Tage-Woche – neuer Hoffnungsträger oder neue, durchs Dorf getriebene Sau der New-Work-Community? Jüngst sagte mir ein eigentlich kluger Freund, dass durch ChatGPT langfristig Hoffnung auf die zehn Stundenwoche bestünde. Ist diese Hoffnung gerechtfertigt? Diese Frage muss das Werk von Guido Zander klären.

Ich habe dazu in meinem Vorwort nur eine kurze Antwort. Wenn wir weiterhin Digitalisierungs- und KI-Kolonie Nordamerikas und Asiens bleiben, erübrigt sich das Thema. Denn verlängerte Werkbänke mit reinem Effizienzfokus haben es an sich, nicht Arbeitszeiten zu verkürzen, sondern die Arbeit auf weniger Menschen zu verlagern. Anders die Innovationsnationen und Innovationschampions: dort partizipieren die Mitarbeiter durch ihre Stock Options an der Innovationsrendite, nicht durch eine 4-Tage-Woche, sondern indem sie früher ihr Arbeitsleben beenden oder in neuen Rollen fortführen. Also ade mit deutscher Sozialromantik, solange die digitale Transformation nicht geschafft ist.

Ich möchte in diesem Vorwort nur noch 2 bis 3 Fußnoten beisteuern, die ich auch in meinem Kapitel zu New Work meines neuen Buches »Radikal Neu – gegen Mittelmaß und Abstieg« thematisiere und die gerade im Kontext der aktuellen Debatte zur Arbeitszeitreduktion von Relevanz sind. Dort diskutiere ich unter anderem verschiedene Dimensionen des Wandels der Arbeit. Dabei zeige ich natürlich auch Zukunftsperspektiven auf, die unsere Arbeit deutlich lebenswerter machen können. Mein Ziel sind dabei aber nicht naive Blüten, die ökonomische Notwendigkeiten einer neuen Arbeitswelt ignorieren. An dieser Stelle möchte ich beispielhaft zwei Chancen bzw. Sorgen ansprechen.

Chance oder Sorge 1

Meine erste Sorge wie Chance ist generell, dass alle Innovationen der Arbeit vor allem Jobs für Akademiker betreffen und nicht auch beruflich Qualifizierte oder gar Un- und Angelernte, weil deren Rahmenbedingungen manche Blütenträume zunichte machen.

Ich rezitiere alternativ und hoffnungsvoll in meinem Buch Angelika Bullinger-Hoffmann, Professorin für Arbeitswissenschaft an der Technischen Universität Chemnitz, die von der Demokratisierung der Produktion spricht, von einer Art Facharbeiter-Techniker-Ingenieur, der gelernt hat, Irregularitäten souverän zu analysieren und Entscheidungen per Tablet und ohne Chef zu treffen.

Dies lässt mich hoffen: Ob er dabei künftig noch vor Ort in der Fabrik sein muss oder zuhause auf dem Sofa oder gar am Hochufer der Isar sitzen kann? Aus meiner Sicht nur eine Frage der Zeit. Nur, wenn wir die Kontexte der Arbeit so fundamental wandeln, kann die elitaristische Trennung in der New Work-Welt überwunden werden. Ohne solche Voraussetzungen werden viele Maßnahmen die Zweiklassengesellschaft verstärken. Aber machen wir uns jetzt nichts vor. Viel Wasser in den Wein, dieser neue hybride Experte muss Höherqualifizierung gewollt, gekonnt und gedurft haben.

Chance oder Sorge 2
Die zweite Sorge wie Chance dreht sich darum, dass uns Stück für Stück Freiheiten verloren gehen. Standardlösungen als Heilsbringer werden individuellen Lebenswirklichkeiten nicht gerecht. Dabei ist Individualisierung – die Chance – gerade heute möglich. Das ist keine Theorie, wie ein Beispiel zeigt, dass ich schon früh gerne zitierte, auch jetzt wieder in meinem neuen Buch: »Der Haustechnikhersteller Westaflex war einst Vorreiter darin, dass Arbeiter im Blaumann ihre Schichten selbständig planten. Westaflex setzte hierfür eine betriebsinterne App ein, die im Rahmen betrieblicher Produktionsplanung Schichtwünsche und -bedarf möglichst mitarbeiterorientiert matcht.« Aber ähnlich wie im obigen Beispiel muss die Digitalisierung gewollt, gekonnt und gedurft werden. Nicht nur von Managern, sondern auch von Betriebsräten und Gewerkschaften

Und was ist nun mit der 4-Tage-Woche?
Ich halte es für absurd, dass Deutschland im Jahr 2023 angesichts fehlender digitaler Transformation und damit verbundenem Fachkräftemangel über die 4-Tage-Woche bei vollem Lohnausgleich diskutiert. Mich erinnert das an die Fehleinschätzung des britischen Ökonomen John Maynard Keynes, der 1930 prognostizierte, in 100 Jahren müssten die Menschen infolge des technischen Fortschritts nur noch 15 Stunden pro Woche arbeiten. Richtig ist: Allenfalls bei sehr hohen Produktivitätsschüben würde Arbeitszeitreduktion mit Lohnausgleich unseren Wohlstand nicht killen. Die Ökonomen Bert Rürup und Michael Hüther gehen sogar davon aus, dass hierzulande die Menschen künftig mehr arbeiten müssen, um die Wohlstandsverluste auszugleichen, die uns Corona und Inflation beschert haben. Und all dies nur, wenn die Innovationen, die uns diese Produktivität bescheren, auch hier zu Lande stattfinden.

Das ist aber nicht nur ein Thema von Finanzierbarkeit, sondern auch von Freiheit. Denn Innovation hat viel mit freiheitlicher Kultur zu tun. Hubertus Heils Gesetzesvorschlag zur Arbeitszeiterfassung aus dem Frühjahr 2023 bewerteten die beiden als »völlig realitätsfremd«. Er biete »keinen Raum mehr für Vertrauensarbeitszeit, für die ganzen Flexibilitätselemente, die wir geschaffen haben.«

Das Nicht-Wollen, Nicht-Können und Nicht-Dürfen von Digitalisierung und Höherqualifizierung, die Zweiklassengesellschaft für New Work und der Verlust von Freiheit und Individualisierung – wären fatale Entwicklungen. In meinem Buch zitiere ich dazu eine Studie von Isabell Welpe mit dem Titel »Ruf nach Freiheit«. Die zentrale Botschaft:

Quer durch alle Generationen zeichnet sich der Wunsch nach deutlich mehr Freiheit ab. Bei Frauen noch mehr als bei Männern.

Wir müssen diese Freiheit heute wagen, nicht die Bevormundung von Arbeit propagieren, sondern das Heil freier Arbeit ermöglichen (Hubertus Heil möge sich ob der Namensgleichheit erfreuen). Insofern schaue ich mit viel Optimismus auf die differenzierte Reflexion dieses Themas im Werk von Guido Zander und bin mir sicher, dass dieses die Diskussion um die Tiefe erweitert, die für seriöse Zukunftsperspektiven notwendig ist. Und ich freue mich, dass ihn und mich die Notwendigkeit einer Balance treibt.

Wir müssen am Ende eine Balance herstellen zwischen
*   individuellen Bedürfnissen nach mehr Autonomie in der Arbeit,
*   menschlichen Bedürfnissen nach Orientierung, Struktur, Teilhabe und zwischenmenschlichem Kontakt sowie
*   betrieblichen Bedürfnissen nach kultureller Zusammengehörigkeit, Teilnahme sowie Leistungs- und Innovationskraft

Jede Lösung muss sich für unsere langfristige Zukunftsfähigkeit an dieser Balance messen lassen.

Thomas Sattelberger
Business Angel, Beirat, Kolumnist, MINT-Aktivist
Mitglied Deutscher Bundestag 2017 – 2022
Parlamentarischer Staatssekretär a.D.

Vorwort – von Cawa Younosi

»Weniger Arbeit mache Arbeitnehmende glücklicher und zufriedener!« Das hätten Studien herausgefunden. Man möchte laut Halleluja rufen, angesichts der tiefsinnigen Erkenntnis! Zudem sei nicht überall die Formel Arbeitszeit = Produktivität richtig. Und nochmals Halleluja! Denn auch das stimmt, zumindest für die Arbeitswelt der White-Collar-Worker.

Doch Fakt ist: Wer weniger arbeiten möchte, kann dies auch tun. Und nicht wenige tun das ja auch, wie zum Beispiel viele Frauen. Denn dank dem sehr arbeitnehmer-freundlichen Teilzeitbefristungsgesetz, ist das fast überall möglich. Jedenfalls bei Bürojobs – mit entsprechend anteiligem Gehalt natürlich. Bei SAP haben wir vielfäl-tige Möglichkeiten für Teilzeitarbeit geschaffen. Sogar unsere Führungskräfte können jederzeit Teilzeit arbeiten. Diese Wahlmöglichkeiten und unsere Unternehmenskultur führen auch ohne 4-Tage-Woche nachweislich zu einer hohen Zufriedenheit der Mit-arbeitenden.

Also, worum gehts dann bei dieser Diskussion unter dieser Arbeitnehmergruppe eigentlich? Vielleicht doch um weniger Arbeit für mehr Geld, also 20% mehr Lohn als bei einer 5-Tage Woche, eine Lohnerhöhung unterm Deckmäntelchen von mehr Gesundheit und höherer Zufriedenheit der Mitarbeitenden? Häufig wird in diesem Zusammenhang – ohne repräsentative wissenschaftliche Studien (hierzu mehr in Ka-pitel 4 in diesem Buch) – schlicht behauptet, dass die ausgeruhteren Arbeitnehmen-den produktiver wären, und daher der zusätzliche Lohn verdient. Ich meine, dass die Debatte von den eigentlichen Themen ablenkt. Denn tatsächlich geht es um mehr Arbeitszeitflexibilisierung und familien- bzw. menschenfreundliche Arbeitsbedingun-gen, es geht um mehr Investition in Bildung, koordiniertere Zuwanderung von Fach-kräften, bessere Kinderbetreuungsangebote durch den Staat und eine weniger starre Arbeitszeiterfassungspflicht für alle!

Dieses Buch ist ein wichtiger Beitrag zur öffentlichen Debatte um die 4-Tage-Woche, weil es die Studienlage neutral bewertet und mehr Substanz und auch alternative Konzepte in die Diskussion einbringt.

Cawa Younosi
Global Head of People Experience, SAP

Warum dieses Buch?

Über die 4-Tage-Woche wird derzeit wieder auf vielen Ebenen diskutiert. Studien aus Island, Japan und dem Vereinigten Königreich zeigen, welche immensen Vorteile mit der 4-Tage-Woche verbunden sind. Glaubt man den Medien, bedeutet deren Einführung automatisch astronomische Produktivitäts- und Umsatzzuwächse, glückliche, nie mehr kündigende und gesunde Mitarbeiter[1] sowie super zufriedene Kunden. So hatte die Rheinische Post nach der Veröffentlichung der britischen Studie am 22.02.2023 die Schlagzeile »Vier-Tage-Woche steigert laut Studie den Umsatz«.

Was momentan passiert, könnte man mit folgender Analogie vergleichen: Eine (fiktive) Studie, die die Situation der Energieversorgung in diversen Ländern untersucht hat, kommt zu dem Ergebnis, dass alle Kohlkraftwerke abgeschaltet werden und durch Solarenergie ersetzt werden können. Daraufhin werden weltweit in den Medien Forderungen laut, man möge sofort von Kohle zu Solar umsteigen, da eine Studie sage, dass das funktioniere. Leider interessiert sich aber niemand für die Rahmenbedingungen der Studie: Sie wurde in 5 Ländern in Äquatornähe durchgeführt, in denen es keine nennenswerte Industrie und insgesamt geringen Stromverbrauch gibt. Die Studie an sich ist korrekt, aber es liegt auf der Hand, dass die Ergebnisse nicht beliebig übertragen werden können. So verhält es sich häufig mit den Studien zu 4-Tage-Woche.

Leider haben sich die wenigsten Leser und Journalisten die Mühe gemacht, sich differenziert mit den Ergebnissen der unterschiedlichen Studien zur 4-Tage-Woche zu beschäftigen.

Denn wenn man das macht, sich die Details der Studien ansieht, sind die vielen Vorteile einer 4-Tage-Woche nach wie vor unbestreitbar, aber die Ergebnisse stellen sich dann doch ganz anders dar. So geht es in der viel zitierten britischen Studie (»UK-Studie«) nicht wirklich um eine reine 4-Tage-Woche, denn die teilnehmenden Unternehmen hatten die Anzahl der Arbeitstage im Durschnitt nur von 4,86 auf 4,52 Tage gesenkt?[2] Zudem waren von den 61 teilnehmenden Unternehmen nur 4 Unternehmen aus dem produzierenden Gewerbe. Und diese Unternehmen arbeiteten – nach allem, was ich recherchieren konnte – mutmaßlich nicht in einem kontinuierlichen Schichtbetrieb.

---

1 Aus Gründen der besseren Lesbarkeit wird bei Personenbezeichnungen und personenbezogenen Hauptwörtern in diesem Buch das generische Maskulinum verwendet. Entsprechende Begriffe gelten im Sinne der Gleichbehandlung grundsätzlich für alle Geschlechter. Die verkürzte Sprachform hat nur redaktionelle Gründe und beinhaltet keine Wertung.

2 »The Results are in: The UK's Four-Day Week Pilot«, Seite 23 (https://autonomy.work/wp-content/uploads/2023/02/The-results-are-in-The-UKs-four-day-week-pilot.pdf)

In diesem Buch geht es nicht darum, die 4-Tage-Woche schlecht zu machen, denn bestimmte Effekte sind unbestreitbar positiv. Es geht aber darum, die 4-Tage-Woche realistisch, nüchtern und differenziert mit allen Vor- und Nachteilen zu betrachten.

Denn die undifferenzierte Darstellung führt schnell dazu, dass Gewerkschaften pauschal die 32-Stunden-Woche mit 4 Tagen bei vollem Lohnausgleich fordern, obwohl bei den Studien zum Beispiel vergleichbare Unternehmen des Metalltarifs nicht teilgenommen haben. Es wird auch im Produktionssektor immer Unternehmen geben, die eine 4-Tage-Woche verlustfrei umsetzen können, es gibt mit Sicherheit aber auch Unternehmen, die diesen Schritt nicht verkraften können. Warum das so ist, zeige ich in diesem Buch.

Denn dieses Buch ist für alle diejenigen gedacht, die sich mit der 4-Tage-Woche beschäftigen oder damit konfrontiert werden und einen differenzierten, realistischen Blick auf das Thema bekommen und erfahren möchten, unter welchen Bedingungen die 4-Tage-Woche funktioniert und wo nicht – und welche Alternativen es gibt.

Erster Teil
In Kapitel 1 werde ich aufzeigen, welche unterschiedlichen Ausprägungen der 4-Tage-Woche es gibt und wie sie ausgestaltet werden kann. In Kapitel 2 stelle ich dar, wie eine 4-Tage-Woche in der Praxis aussehen kann und welche Voraussetzungen dafür notwendig sind. In Kapitel 3 beleuchte ich, welche Effekte von einer 4-Tage-Woche zu erwarten sind.

Zweiter Teil
In Kapitel 4 stelle ich die vorliegenden Studien und ihre Ergebnisse differenziert und neutral vor und ziehe in Kapitel 5 ein Fazit.

Dritter Teil
In Kapitel 6, 7 und 8 zeige ich Alternativen zur 4-Tage-Woche, die deutlich flexibler sind und meines Erachtens ähnlich positive Effekte haben. Denn wer eine pauschale 4-Tage-Woche fordert, möchte eine unflexible 5-Tage-Woche durch eine unflexible 4-Tage-Woche ersetzen. Dass da deutlich mehr Potenzial schlummert, möchte ich mit diesem Buch aufzeigen.

Im Anhang finden Sie meine Danksagung, Informationen zum Autor sowie das Literaturverzeichnis und ein Stichwortverzeichnis.

Erster Teil: 4-Tage-Woche

1 Typologie: Wie eine 4-Tage-Woche gestaltet sein kann

In der Presse wird pauschal über die 4-Tage-Woche gesprochen, selten aber über deren Ausgestaltung. Dabei ist gerade die Ausgestaltung fundamental wichtig für die Bewertung der Vor- und Nachteile einer 4-Tage-Woche, sowohl für Unternehmen als auch für Mitarbeiter. Denn es macht einen erheblichen Unterschied, ob man in 4 Tagen 40 oder 32 Stunden arbeitet, um nur 2 mögliche Beispiele zu nennen. Daher werde ich in diesem Kapitel die unterschiedlichen Möglichkeiten für die Definition einer 4-Tage-Woche beschreiben.

1.1 Typ 1: Arbeitszeitverdichtung bei vollem Lohnausgleich

Die Variante »Arbeitszeitverdichtung bei vollem Lohnausgleich« wurde in Belgien beschlossen. Angestellte sollen in Zukunft ihre vertragliche Arbeitszeit auch an 4 Tagen pro Woche erbringen dürfen, eine Verkürzung der Wochenarbeitszeit ist nicht vorgesehen. Arbeitet man bis dato 38 Stunden an 5 Tagen, also 7,6 Stunden pro Tag, soll es in Zukunft möglich sein, die 38 Stunden an 4 Tagen á 9,5 Stunden zu erbringen. Bei einer Wochenarbeitszeit von 36 Stunden wären es analog 9 Stunden pro Tag. Es handelt sich also im Wesentlichen um eine Verdichtung der Arbeitszeit auf weniger Arbeitstage.

In Deutschland ist diese Form der Umsetzung zumindest bei der nach wie vor sehr verbreiteten Wochenarbeitszeit von 40 Stunden kritisch zu sehen, da man täglich an die gesetzlich maximal erlaubte Höchstarbeitszeit von 10 Stunden käme und damit permanent Gefahr liefe, das Arbeitszeitgesetz in Bezug auf die Maximalarbeitszeit von 10 Stunden pro Tag zu verletzen. Denn selbst eine Verlängerung um nur 1 Minute wäre eine Ordnungswidrigkeit, die in jedem Einzelfall mit einem Bußgeld von bis zu 30.000 Euro belegt werden kann, wobei die Schwere des Verstoßes und dessen Umstände strafmildernd wirken können. Abgesehen davon würde es jede Form der Arbeitszeitflexibilität unterbinden, da man, wie erwähnt, nicht länger arbeiten kann, aber auch nicht kürzer, wenn die vertragliche Arbeitszeit erreicht werden soll.

Wir wären in dem Fall nicht in der starren Nine-to-Five-Ära zurück, sondern würden – noch schlimmer – Eight-to-Six arbeiten.

Mehrarbeit ist nur noch über einen zusätzlichen fünften Arbeitstag möglich, was eine angestrebte 4-Tage-Woche ad absurdum führen würde. Ob diese Variante für die Beschäftigten von Vorteil ist, hängt von der tatsächlichen Wochenarbeitszeit und von der Intensität der zu erbringenden Arbeit ab. Bei sehr anstrengenden Arbeiten können 10 Stunden pro Tag sehr lang und dann zu belastend sein. Ebenfalls ungeeignet ist das Modell, wenn man pro Tag z. B. innerhalb bestimmter Öffnungszeiten nicht mehr als 8 oder 9 Stunden Arbeitszeitbedarf hat.

Ist man allerdings bereits bei einer wöchentlichen Arbeitszeit von 35 oder 36 Stunden, kann diese Stundenzahl sehr wohl auf 4 Tage ohne die o. g. Nachteile verteilt werden, sofern es die Bedarfssituation hergibt. Was das konkret bedeutet, wird im Kapitel 2.1 »Voraussetzungen 1: Bedarfstyp« weiter ausgeführt.

1.2   Typ 2: Arbeitszeitreduktion mit vollem Lohnausgleich

Dieses Modell dürfte wohl den meisten in den Sinn kommen, wenn es um die Vorteile und Attraktivität einer 4-Tage-Woche geht. Daher sind m. E. auch pauschale Umfragen wie »Wünschst Du Dir eine 4-Tage-Woche?« viel zu unspezifisch. Diese Frage wurde im Dezember 2022 vom Good News Magazin auf Instagram gestellt. Wenig überraschend war, dass von 1.801 Antworten 94 % mit »Ja« stimmten, da die meisten wohl von einer Arbeitszeitreduktion bei vollem Lohnausgleich ausgegangen sind[3]. Die Frage ist, ob der Anteil der »Ja«-Stimmen ähnlich hoch ausgefallen wäre, wenn man spezifisch gefragt hätte, ob man in Zukunft an 4 Arbeitstagen je Woche jeweils 10 Stunden arbeiten möchte, wenn man dafür 3 Tage frei hätte.

Schlimm ist nun, dass aufgrund von derart oberflächlichen Befragungen in der Art argumentiert wird, dass es sich Unternehmen in Zeiten des Fachkräftemangels gar nicht mehr leisten könnten, sich dem Willen von 90 % der Beschäftigten zu entziehen und daher eine 4-Tage-Woche anbieten müssten. Das ist auf dem Niveau, wie wenn man bei LinkedIn eine Umfrage macht und fragt, wer gerne 20 % mehr Gehalt hätte. Auch hier dürften wohl knapp 100 % der Teilnehmer mit »Ja« stimmen, es würde aber wohl keiner daraus ableiten, dass jetzt alle Unternehmen dem sofort folgen müssen.

In der ganzen Debatte spielt es eine erhebliche Rolle, wie hoch die aktuelle Arbeitszeit im jeweiligen Betrieb ist und was die anvisierte Zielarbeitszeit ist. Hat ein Unternehmen aktuell eine 40-Stunden-Woche bei einem 8-Stunden-Tag und die 4-Tage-Woche bedeutet, dass zukünftig nur noch 4 Tage á 8 Stunden gearbeitet werden soll, müsste die gleiche Arbeit mit 20 % weniger Kapazität erledigt werden, was wiederum heißt, dass die Produktivität um 25 % steigen müsste. Oder anders ausgedrückt: die mit der 4-Tage-Woche zu erwartenden positiven Effekte müssten zu 25 % Produktivitätssteigerung führen, wenn das Unternehmen nicht schlechter dastehen möchte als vorher. Hat man allerdings bereits eine 35-Stunden-Woche, wäre der Kapazitätsverlust dem-

---

3   Martin Gaedt, »4-Tage-Woche«, Seite 34

entsprechend geringer und die damit verbundene notwendige Produktivitätssteigerung niedriger, sofern die tägliche Arbeitszeit dann 8 Stunden beträgt.

1.3   Typ 3: Arbeitszeitreduktion ohne Lohnausgleich

Dieses Kapitel kann ich sehr kurz halten. Denn eine Arbeitszeitreduktion ohne Lohnausgleich ist nicht wirklich neu und wird seit langem praktiziert: Diese Version nennt
sich Teilzeit. Auch heute steht es jedem frei, bei 20% Lohnverzicht von einer 5- auf
eine 4-Tage-Woche zu wechseln. Darauf gibt es seit dem Teilzeit- und Befristungsge-
setz einen gesetzlichen Anspruch.

1.4   Mischformen

Die in den ersten Unterkapiteln aufgeführten Typen der 4-Tage-Woche waren jeweils
in Reinform: entweder komplett mit oder ohne Lohnverzicht, oder mit oder ohne
Arbeitszeitverdichtung. Zwischen diesen Reinformen gibt es viele Mischformen. So
könnte man beispielsweise von einer 5-Tage-Woche mit 40 Stunden auf eine 4-Tage-
Woche mit 37 Stunden gehen, wodurch die Tagesarbeitszeit auf 9,25 Stunden pro Tag
steigen würde. Ob dann die 3 Stunden Wochenarbeitszeitreduktion komplett durch
den Arbeitgeber getragen werden oder aber dieser nur 2 Stunden übernimmt und die
restliche Differenz zu einer Gehaltsreduktion führt oder mit einer kommenden Lohnerhöhung verrechnet wird, ist dann eine Frage, die noch zu klären ist. Folgende Parameter sind dabei entscheidend:
- Aktuelle Wochenarbeitszeit
- Zielwochenarbeitszeit
- Kostenanteil des Arbeitgebers bei der Stundenreduktion
- Kostenanteil der Arbeitnehmer bei der Stundenreduktion

Je nachdem wie man dies variiert, können tausende von unterschiedlichen Modellen
entstehen. Wie dies in der Praxis aussehen kann, damit beschäftigen wir uns im nächsten Kapitel.

Praxistipp zum Urlaubsanspruch

Ein Urlaubsanspruch wird in der Regel in Tagen geführt, gemeint ist damit aber
jeweils eine bestimmte Anzahl von freien Wochen. Bei einer 5-Tage-Woche bedeutet ein Urlaubsanspruch von 30 Tagen, dass man 6 Wochen Urlaub nehmen
kann. Daher wird der Urlaubsanspruch bei Teilzeit mit verringerten Arbeitstagen
anteilig berechnet. Haben Mitarbeiter eine 4-Tage-Woche, benötigen sie für 6 Wochen Urlaub 24 Urlaubstage, bei einer 3-Tage-Woche entsprechend nur 18 Tage.

Das Gleiche gilt nun, wenn man als Unternehmen eine 4-Tage-Woche einführen möchte.

Würde man den Urlaubsanspruch nicht umstellen, würde das bedeuten, dass man den Mitarbeitern automatisch 6 freie zusätzliche Tage schenkt. Wenn das mit Vorsatz gewünscht ist, kann man das gerne machen, ich habe allerdings bereits öfter erlebt, dass dies eher aus Unkenntnis passiert ist, daher an dieser Stelle der Hinweis.

2 Welche Voraussetzungen Unternehmen mitbringen sollten

Martin Gaedt hat in seinem Buch »4-Tage-Woche« 151 konkrete Beispiele aus der Praxis aufgeführt, die mit den im vorherigen Kapitel genannten Parametern unterschiedlichste Modelle umgesetzt haben. Wer sich einen Überblick über viele Praxisbeispiele verschaffen möchte, dem sei das Buch empfohlen. So viel kann ich aber schon verraten: Nur bei den wenigsten handelt es sich dabei um eine Version, bei der die Stundenzahl von 40 auf 32 Stunden bei vollem Lohnausgleich reduziert wird.

Ob und wie man eine 4-Tage-Woche einführen kann, ist von diversen Voraussetzungen abhängig, die im Folgenden beschrieben werden.

2.1 Voraussetzung 1: Bedarfstyp

Der betriebliche Bedarf ist ganz entscheidend dafür, ob und wie eine 4-Tage-Woche ausgestaltet werden kann. Grundsätzlich unterscheidet man zwischen einem variablen und einem fixen Bedarf.

Bedarfstyp 1: Variabler Bedarf
Unter einem *variablen Bedarf* versteht man, dass die Bearbeitung des Bedarfs nicht zu bestimmten Zeitpunkten erfolgen muss. Ob man eine variable Tätigkeit um 9 Uhr oder um 16 Uhr oder 20 Uhr durchführt, ist unerheblich, hauptsächlich sie wird innerhalb eines bestimmten Zeitraums erledigt.

Tätigkeitsarten: Zu den Tätigkeiten dieses Bedarfstyp gehören administrative und kreative Tätigkeiten aber auch die Abarbeitung von Geschäftsvorfällen wie beispielsweise Anträge in Versicherungen oder Anfragen, die per E-Mail oder Fax (in Deutschland bedauerlicherweise immer noch Realität) eingehen. Aber auch Schichtbetriebe im Ein- oder Zweischichtbetrieb sind nicht auf die Minute genau auf einen Zeitpunkt fixiert. Beispielsweise sind nahezu alle Handwerksbetriebe, Steuerkanzleien, IT-Unternehmen, Marketingagenturen u.v.a. nur einschichtig unterwegs. In all diesen Fällen ist es möglich, dass ein Arbeitstag länger als 8 Stunden pro Tag dauern kann. Somit ist eine Arbeitszeitverdichtung bei Wochenarbeitszeiten von mehr als 32 Stunden jederzeit möglich.

Fazit: Damit sind für Unternehmen bzw. Tätigkeitsarten mit dem Bedarfstyp 1 alle Ausprägungen der 4-Tage-Woche von Arbeitszeitverdichtung bis hin zu Arbeitszeitverkürzung mit und ohne Lohnausgleich möglich.

Bedarfstyp 2: Fixer Bedarf

Ein *fixer Bedarf*, auch zeitpunktbezogener Bedarf genannt, muss zu einem bestimmten Zeitpunkt abgearbeitet werden. Beispiele dafür sind Telefonservice in einem Kundencenter oder Öffnungszeiten mit schwankenden Kundenfrequenzen im Handel. Wenn um 10 Uhr viele Kunden anrufen oder an der Kasse stehen, dann müssen zu dieser Uhrzeit auch entsprechend viele Beschäftigte arbeiten bzw. anwesend sein, um die Kunden zu bedienen. Wenn also um 10 Uhr viel zu tun ist und z. B. um 18 Uhr nicht mehr, dann bringt es sehr wenig, wenn die vorhandenen Mitarbeiter an einem Tag länger arbeiten, sondern man benötigt um 10 Uhr eine Person mehr. Zur Erläuterung hier ein paar Beispiele:

Beispiel 1: Öffnungszeit und flexibler Bedarf wie z. B. im Handel

Nehmen wir an, ein Geschäft hat zwischen 10 Uhr und 18:30 Uhr geöffnet und hat folgenden Bedarf an Mitarbeitern in den einzelnen Zeitintervallen:

Uhrzeit	10	11	12	13	14	15	16	17	18:30
Bedarf	2	3	3	4	4	4	4	2	2

Abb. 1: Besetzungsbedarf während der Öffnungszeiten

Um 10 Uhr werden 2 Personen benötigt, ab 11 Uhr 3 Personen, ab 13 Uhr 4 Personen usw.

Diesen Bedarf könnte man z. B. mit folgenden Schichten decken:

Personen	Uhrzeit	Stundenzahl	Pause
2	10:00 bis 18:30	8	zzgl. 30 Minuten
2	11:00 bis 17:00	6	/
1	13:00 bis 17:00	4	/

Abb. 2: Schichtplanung für den Besetzungsbedarf aus Abb. 1

Das heißt,
- 2 Personen arbeiten von 10 Uhr bis 18:30 Uhr, also 8 Stunden zzgl. 30 Minuten Pause
- 2 Personen arbeiten von 11 Uhr bis 17 Uhr also 6 Stunden
- 1 Person arbeitet von 13 bis 17 Uhr also 4 Stunden

Aus wirtschaftlicher Sicht wäre das eine optimale Abdeckung, jede Abweichung würde entweder eine Über- oder Unterdeckung bedeuten, d. h. man hat dann zu bestimmten Zeitpunkten wahlweise zu viele oder zu wenige Mitarbeiter vor Ort.

Gehen wir nun davon aus, dass die Vollzeitarbeitnehmer bis dato in einer 5-Tage-Woche arbeiten. Ein Modell der Arbeitszeitverdichtung auf 4 Tage wäre per se nicht möglich, sofern die aktuelle Wochenarbeitszeit über 32 Stunden liegt, da mehr als 8 Stunden Arbeitszeit pro Tag nicht erforderlich sind.

Bleibt also die Möglichkeit der Arbeitszeitreduktion bei Lohnausgleich, bei dem das Unternehmen bei gleichen Kosten je Vollzeitkraft 20 % weniger Kapazität hat und Teilzeitkräften ebenfalls anteilig die Arbeitszeit kürzen müsste. Alternativ müssten die Löhne um 25 % angehoben werden, um eine Ungleichbehandlung auszuschließen.

Bleibt die spannende Frage, ob nun durch die aus der Umstellung auf eine 4-Tage-Woche resultierende bessere Motivation der Beschäftigten bis zu 25 % Produktivitätssteigerung möglich wird? Kann man davon ausgehen, dass entsprechend mehr Kunden in den Laden kommen bzw. mehr konsumieren, nur weil die Belegschaft ausgeruhter und motivierter ist? Ganz abgesehen davon arbeitet bereits ein Großteil der Beschäftigten im Handel mit reduzierter Arbeitszeit oder reduzierten Arbeitstagen. Insofern ist es tatsächlich die Frage, wie groß der Effekt ist, wenn die wenigen Vollzeitkräfte auf eine 4-Tage-Woche umstellen. Wenn das alles nicht möglich ist, bleibt die Möglichkeit der Gehaltsreduktion, also Teilzeit. In manchen Branchen – wie beispielsweise im Handel – ist das Gehaltsniveau nicht allzu hoch. Gerade in Zeiten von hoher Inflation ist meine Erfahrung, dass Mitarbeiter bei der Wahlmöglichkeit mehr Geld oder mehr Freizeit in dieser Branche eher das höhere Gehalt wählen.

Beispiel 2: Teil- oder vollkontinuierliche Schichtbetriebe
Es gibt Bedarfstypen, bei denen ist es notwendig, dass rund um die Uhr gearbeitet wird.
- Von *teilkontinuierlich* spricht man in diesem Zusammenhang, wenn 24 Stunden pro Tag an bestimmten Wochentagen, in der Regel Montag bis Freitag, gearbeitet werden muss.
- Von *vollkontinuierlich* spricht man, wenn die Betriebszeit durchgehend ist, also an 7 Tagen pro Woche mit 24 Stunden.

Die Gründe für den vollkontinuierlichen Bedarfstyp 2 können sehr unterschiedlich sein. In Krankenhäusern und auch Pflegeeinrichtungen liegt es auf der Hand, dass Patienten und Bewohner auch in der Nacht und am Wochenende Betreuungsbedarf haben. In der Industrie kann es wirtschaftliche Gründe haben, wenn sich z. B. die Investition in eine Anlage nur amortisiert, wenn diese entsprechend rund um die Uhr produziert. Es kann aber auch technische Gründe geben, wenn z. B. Anlagen mit thermischen Prozessen Anlaufzeiten von ein oder mehreren Stunden haben, bis diese produzieren können. In diesem Fall wäre es extrem unwirtschaftlich oder auch aus Wartungssicht sehr schwierig, die Anlage jeden Tag aufs Neue anfahren zu müssen, bis entsprechend produziert werden kann. Oft gibt es für einen wirtschaftlichen Betrieb dann keine Alternative als vollkontinuierlich zu produzieren.

In dieser Situation ist es unmöglich, dass ein Arbeitstag (abgesehen von zeitlich begrenzten Übergabe- oder Umkleidezeiten) wesentlich länger als 8 Stunden dauern kann – zumindest dann, wenn man starke Überlappungen zwischen den verschiedenen Schichten ausschließt, die aufgrund einer begrenzten Anzahl zu besetzende Arbeitsplätze meist nicht in Frage kommt. 24 Stunden können sich entweder aus 3 x 8 Stunden oder 2 x 12 Stunden oder 4 x 6 Stunden zusammensetzen. Bei 6 Stunden benötigt man aber mehr Wochentage, um auf eine vorgegebene Wochenarbeitszeit zu kommen, 12 Stunden sind vom Arbeitszeitgesetz nur in bestimmten Ausnahmesituationen möglich und je nach Belastung (siehe Art der Tätigkeit) auch nicht empfehlenswert. Bleiben die 8 Stunden, damit fällt aber das »Verdichtungsmodell« aus und es bleibt wieder nur die Arbeitszeitverkürzung bei vollem, teilweisen oder keinem Lohnausgleich. Hier wird auch deutlich, dass in diesem Fall die Arbeitszeit und nicht die individuell erreichte Produktivität das Maß der Dinge ist. Viele Maschinen produzieren innerhalb getakteter Linien kein einziges Teil mehr, nur weil die Mitarbeiter ausgeruhter sind.

Kleiner Spoiler: Daher ist es auch nicht verwunderlich, dass bei sämtlichen Studien zur 4-Tage-Woche so gut wie keine produzierenden Unternehmen teilgenommen haben, zumindest nicht mit teil- oder vollkontinuierlichem Betrieb (siehe dazu Kapitel 4 »Die Studienlage«).

2.2   Voraussetzung 2: Öffnungs- bzw. Betriebszeit

Ein spezieller Aspekt des Bedarfes ist die Öffnungs- bzw. Betriebszeit – oder als Variante, die Zeit, in der man für Kunden erreichbar sein möchte. Der Aspekt des Bedarfs spielt bei der Umsetzung einer 4-Tage-Woche eine große Rolle, bestimmt es doch, wo in der Woche der jeweilige freie Tag liegt.

Wer hat an welchem Tag bei einer 4-Tage-Woche frei?
Die meisten Mitarbeiter, die sich eine 4-Tage-Woche wünschen, dürften den Wunsch haben, dass der zusätzliche freie Tag an einem Freitag oder an einem Montag liegt, um ein verlängertes Wochenende zu haben. Zumindest haben wir in unseren Beratungsprojekten die Erfahrung gemacht, dass bei den meisten Mitarbeitern, die den Wunsch nach Teilzeit äußern, die Erwartungshaltung eines langen Wochenendes vorliegt. Ob und wie das möglich ist, hängt wiederum mit dem Bedarfstyp zusammen.

Bei einem variablen Bedarf wäre es theoretisch möglich, dass ein Unternehmen die Betriebs- oder Erreichbarkeitszeit dahingehend einschränkt, dass man z. B. den Freitag oder Montag komplett schließt. Dies ist aber nur in den seltensten Fällen möglich oder erwünscht. Möchte das Unternehmen jedoch von Montag bis Freitag erreichbar sein, ist es nicht möglich, dass in einer 4-Tage-Woche alle Mitarbeiter am selben Tag frei haben.

Lösung 1
Eine mögliche, aber wohl nicht akzeptanzfähige Lösung wäre es, dass jeder Mitarbeiter fix einen bestimmen Wochentag frei hat, also Mitarbeiter A am Montag, Mitarbeiter B am Dienstag usw.

Lösung 2
Eine faire Lösung, die auch im Schichtbetrieb funktioniert, wäre, dass der freie Tag je Mitarbeiter durch die Arbeitstage einer Woche durchrolliert. Mitarbeiter A hat in der ersten Woche am Montag, in der Folgewoche am Dienstag, wiederum die Folgewoche am Mittwoch usw. frei. Dadurch hat jeder mal an jedem Wochentag frei. Angenehmer Nebeneffekt dieser Lösung ist, dass alle Mitarbeiter alle 5 Wochen ein langes Wochenende haben, also die eine Woche mit einem freien Freitag aufhören und die Folgewoche mit einem freien Montag anfangen. Mit einer alternativen Reihenfolge der freien Tage könnte man auch erreichen, dass man einmal in 3 Wochen ein auf 3 Tage verlängertes Wochenende erhält.

Fazit
Mit Lösung 2 ist die Betriebszeit unabhängig von den Arbeitstagen der Mitarbeiter, alle werden gleichbehandelt und das Modell ist skalierbar, weil es nicht zu Engpässen kommt, nur weil immer am Freitag zu wenig Mitarbeiter anwesend sind.

2.3 Voraussetzung 3: Schweregrad der Tätigkeit

Ein wesentlicher Faktor für die Umsetzung einer 4-Tage-Woche ist der Schweregrad der jeweiligen Tätigkeit, sowohl *geistig* als auch *körperlich*.

Körperliche Überforderung
Logistikunternehmen sind zumeist 2-schichtig organisiert, damit stehen *theoretisch* alle Optionen der 4-Tage-Woche zur Verfügung. Sieht man allerdings, dass in einem typischen Logistikzentrum ein Kommissionierer in 8 Stunden bis zu 10 Kilometer Strecke zurücklegt, um Teile von einzelnen Lagerorten zusammenzutragen, wird schnell klar, dass es nur noch für sehr fitte Mitarbeiter eine Option wäre, in 10 Stunden 12 Kilometer zu laufen. Das wäre gerade in einer älter werdenden Belegschaft nicht wirklich eine gute Idee.

Geistige Überlastung

Und das zuvor beschriebene gilt für viele Tätigkeiten. Ich bezweifle auch, dass in vielen geistigen Tätigkeiten, die viel Konzentration erfordern, 10 Stunden lang produktiv gearbeitet werden kann. Im Gegensatz zu körperlichen Tätigkeiten geht es hier nicht um Überforderung. Die Folge wird vielmehr sein, dass die Mitarbeiter mehr Pausen machen oder nur noch auf ihren Bildschirm starren. Kurzum: Es sinkt die Produktivität.

Insofern ist bei anstrengenden Tätigkeiten die 4-Tage-Woche mit Arbeitszeitverdichtung nur eine theoretische Option, alle anderen Ausprägungen sind davon aber nicht betroffen.

Fazit

Bei sehr anstrengenden Tätigkeiten ist die Möglichkeit einer Produktivitätssteigerung durch Senkung der Wochenarbeitszeit von einem hohen Ausgangsniveau sehr wahrscheinlich, wobei es ebenfalls nicht unwahrscheinlich ist, dass die Produktivität bei langen Tagesarbeitszeiten wieder abnimmt.

2.4 Voraussetzung 4: Ausgangsproduktivität der Unternehmen

Es liegt auf der Hand, dass es für Unternehmen mit geringer Produktivität einfacher ist, durch gezielte Maßnahmen die Produktivität zu steigern, als für solche, die bereits sehr effizient sind. In meiner Beratungspraxis zeigt sich, dass es hier nicht selten einen erheblichen Unterschied zwischen administrativen und operativen Bereichen gibt.

Gerade Produktionsbereiche sind bereits extrem auf Effizienz getrimmt und Beschäftigte in diesem Bereich sind sehr oft während der gesamten Arbeitszeit produktiv. Z. B. ist eine getaktete Fertigung in der Regel so durchoptimiert, dass Mitarbeiter selbst für Toilettengänge vertreten werden müssen. An dieser Stelle sei erwähnt, dass man das nicht zwingend gut finden muss. Viel zu oft sind Fertigungen rein aus Sicht von Technik und Materialfluss durchoptimiert und der Mensch muss sich den teilweise schlechten Arbeitsbedingungen und Arbeitszeiten anpassen, was zu Ineffizienz durch hohe Krankenstände führt (hierzu mehr im Kapitel 6 »Arbeitszeitflexibilisierung als Alternative zur 4-Tage-Woche«). Dennoch Fakt ist: Wenn die Produktivität hoch ist, kann sie nur begrenzt weiter gesteigert werden.

Ganz anders sieht das in vielen administrativen und kreativen Bereichen aus. Wenn man manch ausschweifende und undisziplinierte Meetingkulturen sieht, wieviel Arbeitszeit beim informellen Kaffeeklatsch in der Barista-Ecke verwendet wird, wie oft private Social-Media-Accounts gecheckt werden, braucht es nicht allzu viel Vorstellungsvermögen, dass es sehr wahrscheinlich ist, dieselbe Arbeit in 4-Tagen oder alternativ an 5-Stunden-Tagen zu schaffen.

Und wenn das dann tatsächlich gelingt: herzlichen Glückwunsch! Dann kann man ohne jeden Nachteil die vielen durchaus positiven Effekte einer 4-Tage-Woche mitnehmen (siehe dazu Kapitel 3 »Zu erwartende Auswirkungen der 4-Tage-Woche« und Kapitel 4 »Die Studienlage zur 4-Tage-Woche«).

Doch bitte sollen diese glücklichen Unternehmen sich dann nicht als Rolemodel gerieren und auch noch die Mär verbreiten, dass das überall möglich sein. Denn das ist nicht der Fall – und warum das so ist, ist wurde zuvor bereits in Ansätzen erklärt und wird in den folgenden Abschnitten noch weiter erläutert.

Stellen Sie sich vor, in administrativen Bereichen eines Unternehmens ist seit ein paar Jahren Homeoffice und Co. möglich und jetzt soll zudem eine 4-Tage-Woche eingeführt werden, mit Arbeitszeitverkürzung und vollem Lohnausgleich und in den operativen Bereichen wie z. B. der Produktion wird darüber noch nicht einmal diskutiert. Deutlicher kann man den Mitarbeitern der »Deskless Workforce« nicht machen, wo sie stehen! (Lesen Sie hierzu mehr im Kapitel 6 »Arbeitszeitflexibilisierung als Alternative zur 4-Tage-Woche«).

Und abschließend noch ein Gedanke: Mit einem Arbeitsvertrag verpflichten sich Mitarbeiter zu einer Leistung gegenüber dem Arbeitgeber. Mein Verständnis, auch in meiner Zeit als Angestellter, war es immer, dass es Teil meines Jobs ist, die Arbeitsabläufe zunehmend effizienter zu gestalten, auch ohne, dass die Effizienzsteigerung zwingend direkt mir oder anderen Beschäftigten zugutekommt, sondern dass das Unternehmen wettbewerbsfähiger wird. Ein »gutes« Unternehmen wird davon sicherlich auch den Mitarbeitern etwas zurückgeben. Wenn nun mit der Aussicht auf eine 4-Tage-Woche die Angestellten zur Höchstform auflaufen, um die Produktivität zu steigern, nur weil diese zu 100% den Mitarbeitern zugutekommt, muss man sich fragen, warum diese Produktivitätssteigerungen nicht auch ohne 4-Tage-Woche angegangen wurden? Allerdings muss man angesichts der überproportionalen Entwicklung mancher Margen und Managergehälter feststellen, dass in der Vergangenheit die Ergebnisse von Produktivitätssteigerungen nur bedingt an die Mitarbeiter weitergegeben wurden, insofern gibt es hier an der ein oder anderen Stelle mit hoher Wahrscheinlichkeit Nachholbedarf.

2.5   Voraussetzung 5: Profitabilität der Unternehmen

Die Option einer 4-Tage-Woche mit Arbeitszeitreduktion ist theoretisch jederzeit möglich und nicht abhängig vom Bedarf oder anderen Rahmenbedingungen. Sofern eine entsprechende Produktivitätssteigerung erreicht wird, die dazu führt, dass die gleiche Arbeit mit entsprechend weniger Kapazitäten erledigt werden kann, bleibt dies ohne negative Auswirkungen für die betreffenden Unternehmen.

Ist das jedoch nicht möglich (siehe Kapitel 2.4 »Voraussetzung 4: Ausgangsproduktivität der Unternehmen«), muss es dennoch nicht zwingend heißen, dass eine 4-Tage-Woche mit Arbeitszeitreduktion und Lohnausgleich unmöglich wäre. Wenn das Unternehmen so profitabel ist, dass es sich den Schritt leisten kann, zudem nicht gewinnmaximierend arbeiten muss und auch noch immer das Wohl der Mitarbeiter im Blick hat, dann spricht nichts dagegen. Man muss sich aber auch vor Augen führen, dass das eher für eine Minderheit der Unternehmen gilt, selbst wenn viele Unternehmen es sich wünschen würden.

Daher sind auch flächendeckende Forderungen nach einer 32-Stunden-Woche bei vollem Lohnausgleich, wie es zum Beispiel die IG Metall fordert, durchaus risikobehaftet.

Einige Unternehmen im Metalltarifvertrag sind tatsächlich finanziell in der Lage, das zu bewältigen. Das gilt – zumindest noch – für einige Automobilhersteller. Für deren gegängelte Zulieferer, gilt es wohl eher nicht, da die sehr oft durch Verträge gezwungen werden, die Produktivitätssteigerungen in Form reduzierter Preise an die Automobilhersteller weiterzugeben.

Von einigen Unternehmen im Metalltarifverbund, mit denen ich direkt Kontakt hatte, kann ich sagen, dass ihre augenblickliche Situation nicht so gut ist, und sie daher den Schritt zur 4-Tage-Woche bei vollem Lohnausgleich nicht verkraften würden. Hier könnten Produktionsverlagerung ins Ausland oder Insolvenz durchaus realistische Folgen sein.

2.6   Voraussetzung 6: Höhe der Wochenarbeitszeit

Wie bereits erwähnt, ist es ein großer Unterschied, ob die Ausgangswochenarbeitszeit bei 40 oder z. B. bei 35 Stunden liegt. Je niedriger die Wochenarbeitszeit bereits ist, desto einfach wird ein Umstieg auf eine 4-Tage-Woche sein. Der Zusammenhang ist sehr einfach, er sei nur der Vollständigkeit halber erwähnt.

2.7   Voraussetzung 7: Größe des Unternehmens

In der UK-Studie hatten 66% der teilnehmenden Unternehmen weniger als 25 Mitarbeiter. Auch die 151 Beispiele in Martin Gaedts Buch »4-Tage-Woche« betreffen überwiegend kleine Unternehmen wie Handwerksbetriebe, Sparkassen, Friseure usw. Ich meine, dass das kein Zufall ist, und glaube, dass die 4-Tage-Woche in kleinen Betrieben einfacher und auch risikoloser umgesetzt werden kann. Stellen Sie sich vor, Sie startet in Ihrem Unternehmen einen Versuch mit der 4-Tage-Woche und merken, es funktioniert nicht, oder es funktioniert größtenteils, aber immer mal wieder wird es eng, und es dann muss doch jemand am fünften Tag arbeiten, damit kein größerer betrieblicher Schaden entsteht. In einem kleinen, eingeschworenen Team wird das mit sehr hoher Wahrscheinlichkeit funktionieren. In einem großen Unternehmen, in dem viele Menschen, teilweise ohne sich zu kennen, in einem Bereich zusammen-arbeiten, ist es nicht sicher, dass das Unternehmen immer Freiwillige findet, die bei Bedarf am fünften Tag einspringen. Zudem: Ist eine 4-Tage-Woche einmal verbindlich verabschiedet, stellt sich die Frage, ob man jemals wieder davon wegkommt, wenn es sich in der Praxis doch nicht als praktikabel erweist. Warum das relevant ist, wird im Kapitel 4 »Studienlage zur 4-Tage-Woche« deutlich werden.

2021 gab es in Deutschland knapp 3,4 Millionen Unternehmen, davon waren knapp 3 Millionen in der Größenordnung von 1 bis 10 Mitarbeiter, ca. 350.000 zwischen 10 und 50 Mitarbeitern und 90.000 mit mehr als 250 Mitarbeitern[4]. Jetzt könnte man sagen, dass von allen Unternehmen nur 2,64 % mehr als 50 Beschäftigte haben und damit sollte die 4-Tage-Woche zumindest unter dem Aspekt der Größe fast überall möglich sein. Allerdings arbeiteten 2021 über 60 % der Erwerbstätigen in mittleren und großen Unternehmen und nur 18 % in Kleinstunternehmen[5], sodass von einer flächendecken-den Umsetzung einer 4-Tage-Woche in Kleinstunternehmen nur knapp ein Fünftel der Beschäftigten betroffen wäre.

2.8   Voraussetzung 8: Wettbewerbssituation

Wie profitabel ein Unternehmen ist, hängt auch von der jeweiligen Wettbewerbssi-tuation ab. Während z. B. Marketingagenturen, Steuerkanzleien und Handwerker oft nur Wettbewerb im deutschsprachigen Raum oder sogar in einem noch begrenzteren lokalen Umfeld mit ähnlichen Rahmenbedingungen in Bezug auf beispielsweise Lohn-niveau und Arbeitszeiten haben, befindet sich gerade das produzierende Gewerbe im Wettbewerb mit Unternehmen rund um den Globus, also auch oder vor allem mit asia-tischen Firmen, deren Arbeitszeiten deutlich höher und deren Löhne deutlich geringer sind.

4   https://de.statista.com/statistik/daten/studie/1929/umfrage/unternehmen-nach-
      beschaeftigtengroessenklassen/, Abruf 05.06.2023, 11:20 Uhr
5   https://www.destatis.de/DE/Themen/Branchen-Unternehmen/Unternehmen/Kleine-Unternehmen-
      Mittlere-Unternehmen/aktuell-beschaeftigte.html, Abruf 5.6.2023, 11:20 Uhr

Vergleich: Jahresarbeitszeit und Jahreseinkommen

Die durchschnittliche jährliche Arbeitszeit lag 2017
- in Kambodscha bei 2.455 Stunden (Platz 1),
- in China bei 2.174 Stunden (Platz 11) und
- in Deutschland bei 1.354 Stunden (Platz 66)[6].

Beim durchschnittlichen Jahreseinkommen lag
- Deutschland bei 43.680 €,
- China bei 10.408 € und
- Kambodscha bei 1.336 €[7].

Unser Wohlstand basiert darauf, dass wir uns höhere Löhne und ggf. geringere Arbeitszeiten leisten können bzw. konnten, weil unsere Produktivität durch Automatisierung deutlich höher ist als in anderen Ländern – oder zumindest war. Die Vergangenheitsform verwende ich daher, weil zukünftige Automatisierungen und Produktivitätsgewinne vor allem durch die Digitalisierung ermöglicht werden. Ich denke nicht, dass ich ein Geheimnis verrate, dass Deutschland auf diesem Gebiet im Gegensatz zu der »mechanischen« Automatisierung nicht mehr führend ist. China hat sich von 2018 bis 2022 im »Digital Ranking« von Platz 30 auf 17 verbessert[8], während Deutschland im selben Zeitraum von Platz 18 auf 19 gefallen ist[9]. Persönlich hätte ich fast erwartet, dass wir noch mehr abrutschen. Fakt aber ist: China hat uns überholt!

Es stellt sich daher die Frage: Woher soll in Zukunft der Produktivitätsvorsprung herkommen, mit dem wir unsere im Vergleich günstigen Arbeitsbedingungen finanzieren wollen?

Natürlich wird es auch in Zukunft möglich sein, die Produktivität durch Digitalisierung und organisatorische Maßnahmen weiter zu steigern. Und dabei muss auch die Frage gestellt werden, wer davon profitieren soll. In der Vergangenheit gab es in vielen Unternehmen eine deutliche Fokussierung auf den Shareholdervalue und wir müssen uns in Zukunft die Frage stellen, wie Produktivitätsgewinne zwischen dem Betrieb und den Beschäftigten fair verteilt werden. Denn ein Produktivitätsgewinn muss nicht als Prämie oder höheres Gehalt verteilt werden, sondern kann auch eine geringere Arbeitszeit bedeuten.

Die finanziellen Möglichkeiten in den einzelnen Unternehmen sind aber derart unterschiedlich, dass ein pauschaler Ansatz und ein One-size-fits-all-Modell in Form einer 4-Tage-Woche bei reduzierter Arbeitszeit und vollem Lohnausgleich nahezu unmög-

---

6   Wikipedia: https://de.wikipedia.org/wiki/Liste_der_L %C3 %A4nder_nach_Arbeitszeit, Abruf 28.4.2023, 13:13 Uhr
7   https://www.laenderdaten.info/durchschnittseinkommen.php, Abruf 28.4.2023
8   IMD World Competitiveness Yearbook 2022, Digital 2022, Country Profile China, www.imd.org
9   IMD World Competitiveness Yearbook 2022, Digital 2022, Country Profile Germany, www.imd.org

lich ist bzw. für viele Unternehmen hochriskant wäre, da ein Produktivitätsgewinn von bis zu 25 % nicht selbstverständlich ist.

Vermutlich ist es keine Überraschung, dass von den 151 Unternehmen, die Martin Gaedt in seinem Buch »4-Tage-Woche« als Beispiele für eine erfolgreiche Umsetzung der 4-Tage-Woche nennt, sehr viele

- keinen internationalen Wettbewerb haben, sondern z. B. Handwerksbetriebe, Steuerkanzleien etc. sind,
- nicht teil- oder vollkontinuierlich arbeiten,
- überwiegend das Modell der Arbeitszeitverdichtung gewählt haben, wobei die meisten Mitarbeiter bereits vorher eine Wochenarbeitszeit von unter 40 Stunden hatten.

Nachdem wir nun geklärt haben, welche Voraussetzungen eine 4-Tage-Woche benötigt, beschäftigen wir uns im folgenden Kapitel mit den möglichen Effekten, die von einer 4-Tage-Woche zu erwarten sind.

3 Auswirkungen der 4-Tage-Woche

Man muss weder ein Prophet noch besonders intelligent sein, um zu erkennen, dass eine 4-Tage, wenn sie möglich ist, positive Effekte haben wird. Die entscheidende Frage ist aber:

Sind diese positiven Effekte größer, als die durch die Kapazitätsreduktion zu erwartenden Kosten (je nach Ausprägung der 4-Tage-Woche).

Zudem gilt es darauf auf die Umsetzung der 4-Tage-Woche zu achten. Denn die Ausprägungen der Effekte hängt sehr deutlich mit der Art der Umsetzung der 4-Tage-Woche zusammen.

3.1 Auswirkungen auf die Produktivität der Mitarbeiter

Diverse Studien zur Teilzeit zeigen, dass eine geringere Wochen- bzw. Tagesarbeitszeit zu einer höheren Produktivität führt, da man in der verbleibenden Arbeitszeit fokussierter arbeitet. Dieser positive Effekt dürfte aber eher für Modelle gelten, bei denen die tägliche Arbeitszeit reduziert wird. Deshalb unterscheide ich im Folgenden zwischen der Umsetzung der 4-Tage-Woche mit Arbeitszeitverdichtung und mit Arbeitszeitverkürzung.

Arbeitszeitverdichtung
Verteilt man eine bestehende Wochenarbeitszeit auf 4 Tage, gewinnt man zwar einen freien Tag, dafür verlängert sich die Arbeitszeit an den verbliebenen Arbeitstagen. Es kann durchaus sein, dass durch einen Tag mehr Freizeit der Erholungseffekt so groß ist, dass ein Mitarbeiter an den restlichen Tagen motivierter und produktiver ist. Das dürfte dann der Fall sein, wenn die bestehende Wochenarbeitszeit so niedrig ist, dass die tägliche Arbeitszeit nicht deutlich über 8,5 Stunden steigt.

Umgekehrt dürfte der positive Produktivitätseffekt durch den freien Tag umso geringer sein, je höher die Wochenarbeitszeit ist. Muss man an den verbliebenen 4 Tagen jeweils 10 Stunden arbeiten, dürfte der Effekt sogar negativ sein. Wie bereits erwähnt, wird es nur den wenigsten möglich sein, eine anstrengende Tätigkeit über 10 Stunden auf hohem Niveau durchzuführen, so dass in diesem Fall der Output gegenüber einer 5-Tage-Woche niedriger sein dürfte.

4-Tage-Woche mit Arbeitszeitverkürzung – mit bzw. ohne Lohnausgleich
Ob eine Arbeitszeitverkürzung zu mehr oder weniger Produktivität führt, wird nicht davon abhängen, ob sie mit oder ohne Lohnausgleich einhergeht. Es gibt unzählige

Studien, die aufzeigen, dass monetäre Aspekte nur temporär wirken und nicht dauerhaft zu einer »schnelleren« Arbeit führen.

Unbestritten ist, dass eine Arbeitszeitverkürzung für Mitarbeitende eine gute Sache ist, sofern die Arbeitszeitverkürzung nicht zu einer Arbeitsverdichtung führt, dass also dieselbe Arbeit in weniger Zeit geschafft werden muss, ohne dass Prozesse optimiert werden. Dass Mitarbeiter, die einen Tag mehr Freizeit und dadurch keine längeren Arbeitstage haben, ausgeruhter und motivierter sind, dürfte auf der Hand liegen. Insofern kann man davon ausgehen, dass eine derartige 4-Tage-Woche sich positiv auf die Produktivität der Mitarbeiter an den Arbeitstagen auswirkt.

Inwieweit diese Produktivitätssteigerung ausreicht, die Arbeitszeitverkürzung zu kompensieren, ist wiederum von der Höhe der Ausgangsproduktivität und Arbeitszeitverkürzung abhängig. Außerdem möchte ich zu bedenken geben, dass sich die Produktivitätssteigerung im Wesentlichen auf Vollzeitkräfte beziehen dürfte.

Viele Teilzeitkräfte arbeiten bereits mit einer reduzierten Arbeitszeit und in einer 3- oder 4-Tage-Woche. Eine weitere Arbeitszeitverkürzung wird daher im Ergebnis weniger bringen oder – und das ist meine Vermutung – die Teilzeitkräfte reduzieren die Arbeitszeit nicht weiter und müssen als Ausgleich einen höheren Lohn erhalten. In diesem Fall dürfte eine etwaige Produktivitätssteigerung nur temporär sein, da ein erhöhtes Entgelt, wie bereits erwähnt, nicht dauerhaft zu Leistungssteigerungen führt. Wird die Arbeit tatsächlich auf 4 Tage verdichtet, ist auch nicht ausgeschlossen, dass Dinge unerledigt bleiben, was zu unzufriedenen Kunden führen kann.

3.2 Auswirkungen auf die Mitarbeiterzufriedenheit

Auch hinsichtlich der Mitarbeiterzufriedenheit dürfte die Ausgestaltung der 4-Tage-Woche eine erhebliche Auswirkung haben. Auch hier möchte ich wieder zwischen den zwischen der Umsetzung der 4-Tage-Woche mit Arbeitszeitverdichtung und mit Arbeitszeitverkürzung unterscheiden. In diesem Unterkapitel kommt allerdings noch der Aspekt des Lohnausgleichs bei der Arbeitszeitverkürzung hinzu.

Arbeitszeitverdichtung

Ob Mitarbeiter zufriedener sind, wenn sie die gleiche Arbeitszeit an weniger Tagen leisten müssen, hängt von diversen Faktoren ab. Wie bereits erwähnt, ist die Art der Tätigkeit entscheidend. Je schwerer oder anstrengender der Job ist, desto eher wird sich die Begeisterung in Grenzen halten, wenn man an den Arbeitstagen nun bis zu 10 Stunden arbeiten soll. Aber auch ein Faktor, wie z. B. die Länge des Weges zur Arbeit kann entscheidend sein. Hat man z. B. eine einfache Anreise von 1 Stunde, wird man einen langen Arbeitstag eher in Kauf nehmen, um einmal weniger anreisen zu müssen, wie wenn man nur 5 Minuten vom Arbeitsplatz entfernt wohnt. Einer meiner Kunden hat ein neues Werk gebaut, wodurch sich der Arbeitsweg der Beschäftigten von 15 auf 45 Minuten verlängert hat. Die Mitarbeiter des Unternehmens arbeiten seitdem gerne an den Schichttagen länger, um weniger häufig den Arbeitsweg zurücklegen zu müssen. Vor dem Umzug wäre eine Umstellung auf längere Tagesarbeitszeiten eher negativ empfunden worden.

Inwieweit eine 4-Tage-Woche mit Arbeitszeitverdichtung also zu einer Steigerung der Mitarbeiterzufriedenheit beiträgt, hängt sehr stark von der individuellen Einschätzung der Mitarbeiter und den jeweiligen Rahmenbedingungen ab. Daher ist es sehr zweifelhaft, ob eine Zwangsumstellung auf dieses Modell für alle Mitarbeiter eines Unternehmens zwingend zu einer Verbesserung der Mitarbeiterzufriedenheit führen würde.

4-Tage-Woche mit Arbeitszeitverkürzung und mit Lohnausgleich
Bei diesem Modell ist es leicht nachzuvollziehen, dass die Mitarbeiterzufriedenheit steigt. Und tatsächlich ist es durch Studien auch erwiesen, dass das der Fall ist. Allerdings gilt es auch nur, wenn die Arbeitszeitverkürzung nicht mit Arbeitsverdichtung und mehr Stress einhergeht. D. h. entweder müssen zusätzliche Mitarbeiter eingestellt oder Prozessoptimierungen durchgeführt werden, um die Arbeitsbelastung an den Arbeitstagen nicht zu erhöhen. Dann kann man sich aber ziemlich sicher sein, dass die Mitarbeiter damit sehr zufrieden sind.

4-Tage-Woche mit Arbeitszeitverkürzung ohne Lohnausgleich
Es liegt auf der Hand, dass die Verbesserung der Mitarbeiterzufriedenheit bei diesem Modell eher gering bis sehr gering ausfallen dürfte. Denn letzten Endes zwingt man Mitarbeiter in eine Teilzeit bei geringerem Gehalt. Allerdings wäre dieses Modell ohnehin nur per Änderungskündigung umsetzbar.

3.3   Auswirkung auf die Krankenquote

Die Höhe einer Krankenquote hängt von vielen Dingen ab wie z. B. von
- der Unternehmenskultur
- der Führungskraft
- der Arbeitsbelastung
- der Arbeitsplatzausstattung
- der Mitarbeiterzufriedenheit
- dem Arbeitszeit- bzw. Schichtmodell

Man kann also nicht zwingend davon ausgehen, dass die Umstellung auf eine 4-Tage-Woche alle Probleme löst, denn auch in diesem Punkt hat die Art der Ausgestaltung der 4-Tage-Woche Einfluss darauf, inwieweit sich die Krankenquote dadurch positiv entwickelt oder nicht. Dennoch zeigen gerade auch die Studien zur 4-Tage-Woche, dass eine deutliche Senkung der Krankenquote durch Arbeitszeitverkürzung sehr wahrscheinlich ist.

Arbeitszeitverdichtung
Bei der Variante mit Arbeitszeitverdichtung wirkt die Reduktion der Arbeitstage einerseits entlastend, während die Erhöhung der täglichen Arbeitszeit sich im Gegenteil belastend bemerkbar macht. Welcher Effekt überwiegt, hängt auch hier wieder von der Höhe der Wochenarbeitszeit ab, die auf 4 Tage umverteilt wird.

4-Tage-Woche mit Arbeitszeitverkürzung mit bzw. ohne Lohnausgleich
Bei einer Reduktion der Arbeitszeit wird in jedem Fall eine Entlastung stattfinden, zumindest solange es an den restlichen Arbeitstagen nicht zu einer deutlichen Arbeitsverdichtung kommt. Die Wahrscheinlichkeit, dass die Krankenquote deutlich sinkt, kann an 2 Punkten festgemacht werden:
1. Eine Reduktion der Arbeitszeit ohne Arbeitsverdichtung sorgt für einen geringeren Stresslevel, mehr Ruhe- und Erholungszeit. Es ist wie mit einem Motor: Wird er ständig im oberen Drehzahlbereich gefahren, wird man häufiger in die Werkstatt müssen, ähnliches gilt für den menschlichen Körper. Daher ist bei einer Reduktion der Arbeitszeit ohne Arbeitsverdichtung zu erwarten, dass die Fehltage zurückgehen werden.
2. Ein zusätzlicher freier Tag bei gleichbleibender täglicher Arbeitszeit gibt den Mitarbeitern mehr Freiraum und Zeit, persönliche Dinge wie Behörden- und Arztgänge in der Freizeit zu erledigen. Ist man die ganze Woche stark eingespannt und hat womöglich wenig Flexibilität in der Arbeitszeitgestaltung, wird es sicherlich Mitarbeiter geben, die sich diesen Freiraum in Form von Krankentagen nehmen.

Beide Effekte werden mit hoher Wahrscheinlichkeit dazu führen, dass die Krankenquote bei dieser Art der 4-Tage-Woche deutlich zurückgeht, was die in Kapitel 4 erläuterten Studien auch belegen.

3.4   Auswirkungen auf die Arbeitgeberattraktivität

Je nach Ausgestaltung der 4-Tage-Woche kann die Arbeitgeberattraktivität deutlich gesteigert werden. So berichten fast alle Unternehmen in dem Buch »4-Tage-Woche« davon, dass die Unternehmen einfacher Bewerber finden und zudem die Fluktuation zurückgeht. Entscheidend dürfte aber auch hier sein, wie die 4-Tage-Woche umgesetzt wurde.

Fakt ist: Ein Unternehmen, das mit einer 4-Tage-Woche wirbt, wird beim Recruiting entscheidende Vorteile haben. Im vorherigen Kapitel hatte ich beschrieben, dass sich kleinere Unternehmen tendenziell einfacher damit tun, eine 4-Tage-Woche einzuführen. Dagegen ist für kleine Unternehmen das Rekrutieren neuer Mitarbeiter in der Regel schwieriger als für große Unternehmen, da die kleinen weniger bekannt sind und ggf. weniger Sozialleistungen anbieten können. Durch die Umsetzung einer 4-Tage-Woche könnte dieser Wettbewerbsnachteil reduziert werden.

3.5 Auswirkungen angesichts des Fachkräftemangel

Es ist auch immer wieder zu lesen, dass Unternehmen mit einer 4-Tage-Woche keinen Fachkräftemangel haben, da sie attraktiver sind für qualifizierte Mitarbeiter. Auf der Ebene einzelner Unternehmen mag das sicherlich nachvollziehbar sein. Dennoch: Ob ein Unternehmen viele Bewerber hat oder nicht, kann das Unternehmen steuern, schlicht indem es die Rahmenbedingungen für Bewerber und Mitarbeiter besser ausgestalten.

Volkswirtschaftlich sieht die Betrachtung ohnehin etwas anders aus. Der DGB und die IG-Metall fordern – medial begleitet von der Darstellung der immensen Vorteile der 4-Tage-Woche für alle Beteiligten – deren flächendeckende Umsetzung in Deutschland. Wenn es so kommen sollte, dann wäre zumindest der Vorteil hinsichtlich der Arbeitgeberattraktivität dahin, denn dann hat das Einzelunternehmen keinen Vorteil mehr gegenüber den Wettbewerbern. Und insgesamt gesehen besteht ein großes Risiko, dass sich der Fachkräftemangel noch verschärft, wenn es nicht allen Unternehmen gelingt, die Prozesse so zu optimieren, dass die Mitarbeiter die gleiche Arbeit mit weniger Kapazität erledigen können. Wie bereits beschrieben, ist es unter bestimmten Voraussetzungen und in bestimmten Branchen durchaus möglich, dass eine gesteigerte Produktivität die verringerte Kapazität egalisiert, allerdings wird das eben nicht überall der Fall sein.

Denn gerade wenn es in einem Unternehmen nicht vordergründig um Produktivität geht, sondern um die Besetzung eines Arbeitsplatzes innerhalb einer bestimmten Zeitspanne, wird durch eine 4-Tage-Woche die Kapazität reduziert, ohne Kompensationseffekte zu haben. Oder meinen Sie, dass z. B. in einer Kita die Öffnungszeiten nach Einführung der 4-Tage-Woche ohne zusätzliches Personal aufrechterhalten werden könnten? Und da, wo es primär um Produktivität geht, ist ebenfalls nicht ausgemacht, dass eine 25-%ige Produktivitätssteigerung möglich ist. Der volkswirtschaftliche Effekt des Fachkräftemangels dürfte also eher noch zunehmen.

Nicht abzuschätzen ist der Effekt, ob Deutschland durch eine gesetzlich verordnete 4-Tage-Woche für Einwanderer so attraktiv würde, dass damit die Fachkräftelücke geschlossen werden könnte. Ob und in welchem Zeitraum diese Lücke gefüllt werden könnte, wäre aber reine Spekulation.

3.6 Auswirkungen auf die Erwerbsquote von Frauen

Als ein Grund für die Einführung einer 4-Tage-Woche, wird in sozialen Medien genannt, dass die Quote der erwerbstätigen Frauen dadurch steigen würde, da durch die 4-Tage-Woche die strukturellen Nachteile für reduzieren würden. Damit ist gemeint, dass ein Elternteil, damit sind eher Frauen gemeint, weniger häufig in Teilzeit arbeiten müssten, wenn der oder die Partner(in) in einer 4-Tage-Woche arbeitet. Allerdings wird auch in dieser Diskussion nicht zwischen den unterschiedlichen Ausprägungen einer 4-Tage-Woche unterschieden.

4-Tage-Woche mit Arbeitszeitverdichtung
Eine 4-Tage-Woche mit Arbeitszeitverdichtung bedeutet, dass die Arbeitszeit an den verbliebenen 4 Tagen länger ist. Damit dürfte die Person zwar an dem zusätzlichen freien Tag für die Kinderbetreuung zur Verfügung stehen, an den restlichen 4 Tagen wird es allerdings schwieriger, Kinder zu einer Betreuungseinrichtung zu bringen oder sie davon abzuholen. Ob in dieser Situation ein Elternteil tatsächlich mehr arbeiten kann als vorher, darf angezweifelt werden.

4-Tage-Woche mit Arbeitszeitverkürzung – mit oder ohne Lohnausgleich
Bei der Variante 4-Tage-Woche mit Arbeitszeitverkürzung kommt es darauf an, ob die 4-Tage-Woche mit oder ohne Lohnausgleich umgesetzt wurde.

Ohne Lohnausgleich wäre die 4-Tage-Woche kein Gewinn, denn das könnte man bereits heute mit 80% Teilzeit umsetzen, was vor allem dann nicht passiert, wenn bei Ehepartnern – aufgrund des Ehegattensplittings – der bzw. die eine deutlich mehr verdient als der bzw. die andere. In diesem Fall arbeitet das Elternteil mit dem höheren Verdienst Vollzeit und das andere Teilzeit, heutzutage aufgrund des Gender-Pay-Gaps nach wie vor überwiegend in der traditionellen Verteilung, dass der Mann Vollzeit und die Frau Teilzeit arbeitet.

4-Tage-Woche mit Arbeitszeitverkürzung mit Lohnausgleich
Bleibt noch die Variante 4-Tage-Woche mit Arbeitszeitverkürzung mit Lohnausgleich. In diesem Fall ist es durchaus vorstellbar, dass das zweite Elternteil den Teilzeitgrad erhöhen kann. Ob das Betreuungsproblem allerdings gelöst werden kann, wenn beide Elternteile 4 Tage arbeiten, sei dahingestellt. Denn eine Voraussetzung dafür ist, dass bei beiden der zusätzliche freie Tag an unterschiedlichen Wochentagen liegt. Aber

selbst dann hätten die Eltern an den 3 restlichen Tagen noch ein Betreuungsproblem. Bei einer flächendeckenden Einführung einer 4-Tage-Woche könnte sich das Betreuungsproblem sogar noch verschärfen, wenn die fehlenden Kapazitäten der Kitas aufgrund des Fachkräftemangels nicht ausgeglichen werden können und in der Folge die Betreuungszeiten eingeschränkt werden. Insgesamt dürfte der Beschäftigungseffekt aus der 4-Tage-Woche daher nicht allzu groß ausfallen. Es stellt sich vielmehr die Frage, ob der Beschäftigungseffekt nicht größer wäre, wenn beide Elternteile 80 % Teilzeit arbeiten, statt weniger flexibel an 4 Tagen pro Woche. Allerdings träfe das wohl auch nur dann zu, wenn es für die Arbeitszeitreduktion einen Lohnausgleich gäbe.

3.7 Auswirkungen auf den Energiebedarf

Sollte es einem Unternehmen möglich sein, die Betriebs- oder Öffnungszeit um einen ganzen Tag pro Woche zu reduzieren, hat das zur Folge, dass weniger Energie verbraucht wird, da Produktionsmaschinen, Computer, Beleuchtung, Heizungen etc. an diesen Tagen nicht benötigt werden. Aber selbst wenn die Betriebszeit nicht verkürzt wird, werden 20 % weniger Anreisen von der Wohnung zur Arbeit zu Energieeinsparungen führen. Sollte bereits Homeoffice üblich sein, fällt die Änderung dann allerdings weniger ins Gewicht. Aus Klimasicht wäre also ein positiver Effekt zu erwarten, wenn aus weltweiter Perspektive dieser Effekt auch eher klein ist, solange nur Deutschland diesen Weg geht.

Insgesamt sind – je nach Art der Umsetzung der 4-Tage-Woche – also sehr wohl positive Effekte zu erwarten. Im nächsten Kapitel möchte ich aufzeigen, inwieweit diese durch Studien tatsächlich bestätigt werden und ob diese Ergebnisse derartig verallgemeinerbar sind, wie es oft in den Medien und seitens der Gewerkschaften behauptet wird.

Zweiter Teil: Studien

4 Die Studienlage zur 4-Tage-Woche

Seit Jahren gibt es immer mehr Unternehmen, Institute und Länder, die sich mit der Einführung und Auswirkung einer 4-Tage-Woche beschäftigen. Im Folgenden möchte ich mich mit den 3 Studien bzw. Tests näher beschäftigen, die das größte Medienecho hatten. Bei der Interpretation der Studien werden Sie sehen, warum ich bis zu diesem Kapitel so viel zu theoretischen Grundlagen über die Ausgestaltung und Voraussetzungen für eine 4-Tage-Woche geschrieben habe. Für jede Studie werde ich ausführen, wie die Rahmenbedingungen bei der Umsetzung der 4-Tage-Woche waren, welche Effekte durch ihre Einführung erzielt wurden, und bewerte diese anschließend.

4.1 Studie 1: Microsoft Japan

Bei der Studie »Microsoft Japan« handelt es im engeren Sinne nicht um eine Studie, sondern vielmehr um ein Experiment, das sich nur auf ein Unternehmen bezieht, nämlich Microsoft Japan, in dem die 4-Tage-Woche zudem nur für einen Monat ausprobiert wurde. Was hat Microsoft also konkret umgesetzt?

Der Originaltext war leider nicht aufzufinden, daher basiert die folgende Darstellung auf Informationen zu der Studie, die in den Medien geteilt wurden.

Bei »**Business Insider**« war zu lesen: Microsoft hat seinen Mitarbeitern in Japan im August 2019 jeden Freitag als eine Art bezahlten Urlaub freigegeben. »Ziel von ›Work-Life Choice‹ war es, eine Umgebung zu schaffen, in der jeder Mitarbeiter eine abwechslungsreiche und flexible Art zu arbeiten wählen kann, passend zu seinen Arbeits- und Lebensumständen«, schrieb Microsoft Japan im April in einer Mitteilung, in der das Projekt vorgestellt wurde.[10]

Die Ergebnisse waren sehr positiv. Im Vergleich zu vergangenem Jahr wurde:
- Die Anzahl der Arbeitstage um 25 % reduziert
- Die Anzahl der gedruckten Blätter um 58 % reduziert
- Der Stromverbrauch um 23 % reduziert

Zudem sei die Produktivität der Mitarbeiter um rund 40 % gestiegen. 92 % der Mitarbeiter gaben zum Ende des Tests hin an, dass sie mit dem Projekt glücklich waren.[11]

---

10 https://www.businessinsider.de/karriere/arbeitsleben/microsoft-japan-4-tage-woche-40-prozent-produktiver-2019-11/, Aufgerufen 30.04.2023, 13.51 Uhr
11 https://www.businessinsider.de/karriere/arbeitsleben/microsoft-japan-4-tage-woche-40-prozent-produktiver-2019-11/, Aufgerufen 30.04.2023, 13.51 Uhr

Wenn wir uns an die Voraussetzungen für eine 4-Tage-Woche erinnern, dann können wir bei Microsoft davon ausgehen, dass diese alle erfüllt waren:

Voraussetzung 1: Bedarfstyp. Als IT-Firma sollten die meisten Bedarfe variabel sein und es liegt kein kontinuierlicher Betrieb vor. Damit sind aus Bedarfssicht die Voraussetzungen für eine 4-Tage-Woche mit einem fixen freien Tag erfüllt.

Voraussetzung 2: Öffnungs- bzw. Betriebszeit. Als internationales Unternehmen hat Microsoft den Service nach einem »Follow the sun«-Prinzip organisiert, d. h. kein Land für sich alleine muss eine 24/7-Hotline stellen, außerdem gibt es keinen relevanten Kundenverkehr, d. h. das Unternehmen ist nicht an Öffnungszeiten gebunden.

Voraussetzung 3: Art der Tätigkeit. Die Art der Tätigkeit ist geistig und nicht körperlich schwer. Entwicklertätigkeiten erfordern allerdings einen hohen Konzentrationslevel, eine Verdichtung der Arbeit ist nicht ohne weiteres möglich.

Voraussetzung 4: Ausgangsproduktivität der Unternehmen. Die Arbeit bei Microsoft besteht zu einem überwiegenden Teil aus rein administrativen und nicht aus körperlichen Tätigkeiten. Wie zuvor dargestellt, ist es wahrscheinlich, dass die Ausgangsproduktivität der administrativen Tätigkeit nicht sehr hoch ist, da zur Tätigkeit auch viele unproduktive Meetings und Arbeitsunterbrechungen gehören. In Japan gibt es zudem eine ausgeprägte Kultur der Mehrarbeit bzw. Präsenz am Arbeitsplatz, Mitarbeiter tendierten dazu, lange im Unternehmen zu bleiben, um den Vorgesetzten ihren Einsatz zu demonstrieren. Daher ist es gut nachvollziehbar, dass die Produktivität durch intelligentere und fokussierte Arbeit deutlich gesteigert werden konnte.

Voraussetzung 5: Profitabilität der Unternehmen. Microsoft ist wirtschaftlich gesehen weltweit eines der potentesten Unternehmen. Daher wäre es für Microsoft kein Problem gewesen, wenn die gestiegene Produktivität die verringerte Kapazität nicht ausgeglichen hätte.

Voraussetzung 6: Höhe der Wochenarbeitszeit. Die Höhe der Wochenarbeitszeit ist nicht bekannt, man kann aber wohl davon ausgehen, dass sie in Japan zum Zeitpunkt des Experiments eher bei 40 Stunden oder höher lag. In der Studie ist allerdings nur von der Reduzierung der Wochenarbeitszeit um 1 Arbeitstag die Rede. Inwieweit sich die tägliche Arbeitszeit an den anderen Arbeitstagen verändert hat, war nicht herauszufinden.

Voraussetzung 7: Größe des Unternehmens. Microsoft ist ein sehr großes Unternehmen und daher theoretisch eher ungeeignet eine derartige Veränderung umzusetzen. Andererseits ist Microsoft in jeder Beziehung ein Ausnahmeunternehmen und die Ausgangsvoraussetzungen in Japan in Bezug auf das Thema Arbeitszeit waren sehr günstig.

Voraussetzung 8: Wettbewerbssituation. Microsoft ist eine globale Firma und muss sich dem globalen Wettbewerb stellen, aufgrund des Produktportfolios und der Marktmacht führt der Wettbewerb aber nicht zu einem Druck auf die Preise der Produkte.

Microsoft erfüllt also so gut wie alle Voraussetzungen, um eine 4-Tage-Woche erfolgreich einzuführen und umzusetzen. Allerdings muss man auch sehen, dass der Test gerade einmal über 4 Wochen durchgeführt wurde. Eine Aussage darüber, ob die Produktivität auch dann auf einem so hohen Niveau bleiben würde, wenn die 4-Tage-Woche vertraglich zugesichert wurde und damit unumkehrbar wäre, bleibt daher rein spekulativ. Bei 4 Wochen Testdauer muss man hinsichtlich der Mitwirkenden annehmen, dass ihre Motivation bezüglich der Teilnahme am Test hoch war, ging es doch darum zu zeigen, dass eine 4-Tage-Woche funktionieren kann.

Es wäre allerdings fatal, aus den Ergebnissen abzuleiten, dass diese Art der 4-Tage-Woche überall möglich wäre und zu ähnlichen Ergebnissen führen würde, da nur die wenigsten Unternehmen derart positive Voraussetzungen haben wie Microsoft. Bis dato ist mir auch nicht bekannt, dass Microsoft aus dem Versuch abgeleitet hat, die 4-Tage-Woche tatsächlich einzuführen.

Was das Experiment von Microsoft Japan zeigt:

- Die Individuelle Produktivität konnte gesteigert werden
- Die Mitarbeiter waren zufriedener
- Der Ressourcenverbrauch ging zurück
- Unternehmen mit ähnlichen Voraussetzungen werden mit hoher Wahrscheinlichkeit ähnliche Ergebnisse erzielen

Was das Experiment nicht beweist:

- Aufgrund der Testdauer von nur einem Monat kann man nicht verallgemeinern, dass die Effekte in Bezug auf Produktivität dauerhaft anhalten werden
- Microsoft Japan hat sehr spezielle Rahmenbedingungen, die nur die wenigsten Unternehmen weltweit haben, daher können die Ergebnisse nicht für alle Betriebe und Branchen verallgemeinert werden

4.2 Studie 2: Island

Der längste Versuch mit einer »4-Tage-Woche« wurde in Island durchgeführt und zog sich über einen Zeitraum von 5 Jahren. Über diesen Versuch wurde eine Studie erstellt. Zudem gab es in Island noch eine weiter Studie. Doch dazu später mehr.

Zunächst will ich auf die mediale Berichterstattung eingehen, die völlig falsche Informationen lieferte. Dazu einige Beispiele:

»Die Viertagewoche könnte auch in Deutschland funktionieren«[12] schreibt die Wochenzeitung »Die Zeit«. Der Artikel bezieht sich dann anscheinend auf die Island-Studie und es heißt: »Nur vier Tage arbeiten, aber Vollzeit bezahlt werden. Was viele Angestellte sich wünschen, wurde in Island erprobt.«

»4-Tage-Woche in Island: 5 Fakten, mit denen Kritiker klarkommen müssen«[13] schreibt das Onlinemagazin tn3.

»So funktioniert die 4-Tage-Woche in Island«[14] schreibt die Wirtschaftswoche.

»Island führt 4-Tage-Woche ein – mit vollem Erfolg«[15] titelt das Onlineportal des Münchner Merkur.

Diese Liste könnte beliebig verlängert werden.

Der gravierende Fehler in der der Berichterstattung ist, dass es in der Studie gar nicht um eine 4-Tage-Woche geht.

In der gesamten Studie »Going Public: Island's Journey to a shorter Working Week«[16] kommt allein das Stichwort »4-Tage-Woche« genau an 2 Stellen vor. Beide Stellen kommen in der Einleitung vor: »In recent years, calls for shorter working hours without a reduction in pay — often framed in terms of a ›**four-day week**‹ — have become increasingly prominent across Europe.« Und »In light of this growing interest in shorter working hours, the ability to draw on evidence from existing trials of a ›**four-day week**‹ or similar schemes will become increasingly important for supportive workers, organisations and politicians.«

Tatsächlich geht es in der Studie ausschließlich um eine Verkürzung der Wochenarbeitszeit im öffentlichen Dienst von 40 auf 36 Stunden.

---

12 https://www.zeit.de/arbeit/2021-07/island-4-tage-woche-reduktion-arbeitszeit-politikwissenschaftler-jack-kellam?utm_referrer=https %3A %2F %2Fduckduckgo.com %2F, abgerufen am 07.06.23 um 15:15 Uhr

13 https://t3n.de/news/4-tage-woche-island-fakten-studie-1390228/, abgerufen 07.06.23, 15:19 Uhr

14 https://www.wiwo.de/erfolg/beruf/arbeitszeit-reduzieren-so-funktioniert-die-4-tage-woche-in-island/27406908.html, abgerufen 07.06.2023, 15:30

15 https://www.merkur.de/leben/karriere/island-fuehrt-tage-woche-ein-ergebnis-modellprojekt-erfolg-arbeitszeitverkuerzung-zr-90847387.html, abgerufen 07.06.202315:22 Uhr

16 »Going Public: Island's Journey to a shorter Working Week«, Alda, Association for Democracy and Sustainability, 2021, https://autonomy.work/wp-content/uploads/2021/06/ICELAND_4DW.pdf

In der bereits im Original zitierten Einleitung wird darüber berichtet, dass eine Verkürzung der Wochenarbeitszeit bei vollem Lohnausgleich unter dem Label »Vier-Tage-Woche« in Europa immer prominenter wird und dass es immer wichtiger werden wird, Erkenntnisse aus bestehenden Versuchen mit einer »Vier-Tage-Woche« zu ziehen. Auf den folgenden 80 Seiten der Studie gibt es dann keinen einzigen Hinweis mehr, dass die teilnehmenden Organisationen eine 4-Tage-Woche umgesetzt haben. Dafür ist an vielen Stellen nur noch von verkürzter Tagesarbeitszeit oder von einem halben freien Freitag zu lesen.

Jetzt könnte man sagen, ich solle mich nicht so anstellen, denn verkürzte Tagesarbeitszeit und 4-Tage-Woche sei doch fast das Gleiche. Doch die Antwort ist klar: Nein, das ist es nicht! Das ist in etwa so, wie wenn man in einer Studie untersucht, welche Auswirkung mehr Bewegung im Allgemeinen auf die Gesundheit hat und in der Presse Headlines wie »Stand-up Paddeling – Studie zeigt die bedeutend positive Effekte für die Gesundheit« erscheinen, obwohl in der Studie diese Sportart nie erwähnt wurde. Doch es muss auch gesagt werden: Das Problem ist nicht die Studie, sondern die Berichterstattung von Leuten darüber, die anscheinend höchstens die Einleitung gelesen haben. Hätte man das Wort »4-Tage-Woche« durch »Reduktion der Wochenarbeitszeit von 40 auf 36 Stunden« ersetzt, wäre alles gut.

Denn tatsächlich wurde in den Organisationen, auf die sich die Studie bezieht, in der Regel nach wie vor an 5 Tagen pro Woche gearbeitet, da nur eben kürzer und vor allem flexibler. Alle erzielten Effekte beziehen sich also auf die Verkürzung der Arbeitswoche auf 36 Stunden, was auf Basis von 8 Stunden Tagesarbeitszeit einer 4,5 Tage-Woche entspricht und in der Regel zu einem verkürzten Freitag geführt hat[17]. Doch genau diese Studie wird in Deutschland überall dort zitiert, wo es darum geht zu beweisen, dass eine 4-Tage-Woche produktiver macht. Ich finde das unglaublich, denn inhaltlich liegen zwischen einer flexiblen Wochenarbeitszeitverkürzung und einer starren 4-Tage-Woche Welten. Warum das so ist, wird in diesem Buch noch an diversen Stellen erklärt.

Im Folgenden werde ich erläutern, worum es tatsächlich in der Studie tatsächlich ging. Wie schon gesagt: Es wurden in Island sogar 2 Studien erstellt.

Studie 1
In der Hauptstadt Reykjavik verkürzten in den Jahren von 2014 bis 2019 zahlreiche Verwaltungsmitarbeiter ihre Arbeitszeit.

Studie 2
In der zweiten diesmal landesweiten Studie konnten sich unterschiedliche staatliche Arbeitgeber für eine Teilnahme bewerben.

---

17   Ebd.: S. 32

An beiden Studien nahmen letztendlich über 2.500 Teilnehmer teil, etwas mehr als 1% der isländischen arbeitenden Bevölkerung. Unter den Teilnehmern waren überwiegend Behörden, eine Polizei und auch ein paar Krankenhäuser. Produzierende Unternehmen waren nicht dabei.

Die meisten Teilnehmer verkürzten die Arbeitszeit von 40 auf 35 bzw. 36 Stunden, sodass rechnerisch eher eine 4,5-Tage-Woche vorlag. Allerdings lag die tatsächlich gearbeitete Wochenarbeitszeit in Island zu diesem Zeitpunkt laut Eurostat bei 44 Stunden (in Deutschland liegt sie bei 41 Stunden). Das muss man im Hinterkopf behalten, denn die gefühlte und auch tatsächliche Entlastung ist deutlich größer bei einem hohen Ausgangslevel als bei einem niedrigen. Wenn man beispielsweise die Arbeitszeit von 25 auf 21 Stunden reduziert, wird dies sicherlich deutlich weniger Auswirkungen auf das Wohlbefinden haben, als eine Reduzierung von 40 auf 36 Stunden.

Folgende Ergebnisse wurden berichtet[18]:
- Weniger Stress zu Hause, da man mehr Zeit für den Partner oder häusliche Aktivitäten hat.
- Mehr Zeit für Familie und Freunde.
- Mehr Zeit für sich selbst, für Hobbys und andere Interessen oder einfach nur zum Ausruhen.
- Mehr Zeit für Hausarbeit und häusliche Tätigkeiten während der Arbeitswoche. Dadurch steht auch mehr Zeit an den Wochenenden zur Verfügung, was deren Qualität erhöht.
- Männer in heterosexuellen Partnerschaften übernahmen mehr Verantwortung im Haushalt, die Arbeit im Haushalt teilten sich die Partner gerechter auf.
- Positive Auswirkungen auf Alleinerziehende, eine Bevölkerungsgruppe mit besonders hohem Zeitdruck.
- Positive Auswirkungen auf diejenigen, die nicht direkt weniger arbeiten, wie z. B. die erweiterte Familie und Freunde, die nun mehr Kontakt zu den Studienteilnehmern hatten.

Die Ergebnisse sind erfreulich, allerdings auch nicht wirklich überraschend. Und nochmal: Die Ergebnisse sind *nicht* auf eine 4-Tage-Woche zurückzuführen, sondern auf eine Arbeitszeitverkürzung in Kombination mit Arbeitszeitflexibilisierung.

Zudem wurden stellt die Studie fest: Das Niveau von Output und Serviceleistungen konnte in den meisten Fällen aufrechterhalten werden aufgrund von Produktivitätssteigerungen. Diese wurden durch folgende Maßnahmen erzielt:[19]
- Effizientere Prioritätensetzung bei den täglichen Aufgaben.

---

18   ebd: S. 50ff
19   Ebd: S. 72

- Effizientere Delegierung und Zuweisung von Aufgaben unter den Mitarbeitern.
- Verlagerung persönlicher Besorgungen auf Zeiten außerhalb der Arbeitszeit (mit wichtigen Ausnahmen, wie z. B. Arztbesuche usw.).
- Weniger, kürzere und gezieltere Besprechungen. Eine Organisation beschloss beispielsweise, dass Besprechungen nur noch vor 15 Uhr angesetzt werden dürfen.
- Besprechungen wurden – wo möglich – durch E-Mails ersetzt.
- Die Zeit für Kaffeepausen wurde verringert.
- In Kindertagesstätten wurden die Mittagspausen der Kinder gestaffelt, sodass weniger Personal für die Aufsicht benötigt wurde.
- Dienstleistungen wurden – wenn möglich – auf digitale Angebote verlagert.
- Managementprozesse wurden schlanker gestaltet.
- In der Pflege wird der Schwerpunkt auf eine Änderung der Schichtmuster gelegt. Die Schichten begannen etwas später und/oder endeten früher. Wenn am Ende einer Schicht weniger Nachfrage nach Dienstleistungen bestand, gingen die Beschäftigten früher. Entsprechend konnten die Schichten, wenn möglich, später beginnen.
- In den Kindergärten verließ das Personal im Laufe des Tages den Arbeitsplatz ebenfalls früher (auf Rotationsbasis), da die Kinder nach und nach die Schule verließen.
- In einigen Fällen schlossen die Büros mit regelmäßigen Öffnungszeiten früher. Manchmal wurde dafür der Freitag gewählt, weil dann die Nachfrage nach Dienstleistungen geringer war. Häufig wurde den Mitarbeitern die Möglichkeit eingeräumt, an einem für sie geeigneten Wochentag früher Feierabend zu machen.
- In einem Polizeirevier wurde die Arbeitszeit für Ermittlungsbeamte alle 2 Wochen verkürzt, sodass die Mitarbeiter montags bis donnerstags 1 Stunde früher Feierabend machten (8:00 bis 15:00 Uhr) und freitags 4 Stunden früher (8:00 bis 12:00 Uhr).
- In der nächsten Woche sollten sie länger arbeiten (8:00 bis 16:00 Uhr). Auf diese Weise wurde jede zweite Woche um 8 Stunden verkürzt.

Zusammenfassung: Die Maßnahmen waren kürzere Meetings, weniger Zeit in der Kaffeeküche, kürzere Öffnungszeiten und eine intelligentere Planung. Bis auf den letzten Punkt sind das alles Maßnahmen, die in der Produktion oder in Krankenhäusern nicht umgesetzt werden können. Wer aufgepasst hat, wird bemerkt haben, es haben auch Krankenhäuser an der Studie teilgenommen. Wenig überraschend konnten dort o. g. Produktivitätssteigerungen nicht erzielt werden.

Die Autoren der Studie kommen zu folgendem Fazit:[20]
»Obwohl in einigen Fällen die Arbeitszeitverkürzung aufgrund der in den Versuchen erzielten Produktivitätssteigerungen keine finanziellen Auswirkungen hatte, gab es

---

20   Ebd: S. 55

eine Reihe von Arbeitsplätzen, an denen dies nicht möglich war und mehr Personal eingestellt werden musste. Die Mehrkosten für die isländische Regierung werden auf 4,2 Mrd. ISK jährlich geschätzt (24,2 Mio. GBP, 33,6 Mio. USD) aufgrund des erhöhten Personalbedarfs im Gesundheitswesen – 2/3 der Gesamtkosten entfallen schätzungsweise allein auf das Gesundheitswesen«

Die Basisannahme der Studie war, dass die Produktivität bei einer Arbeitszeitverkürzung steigt.

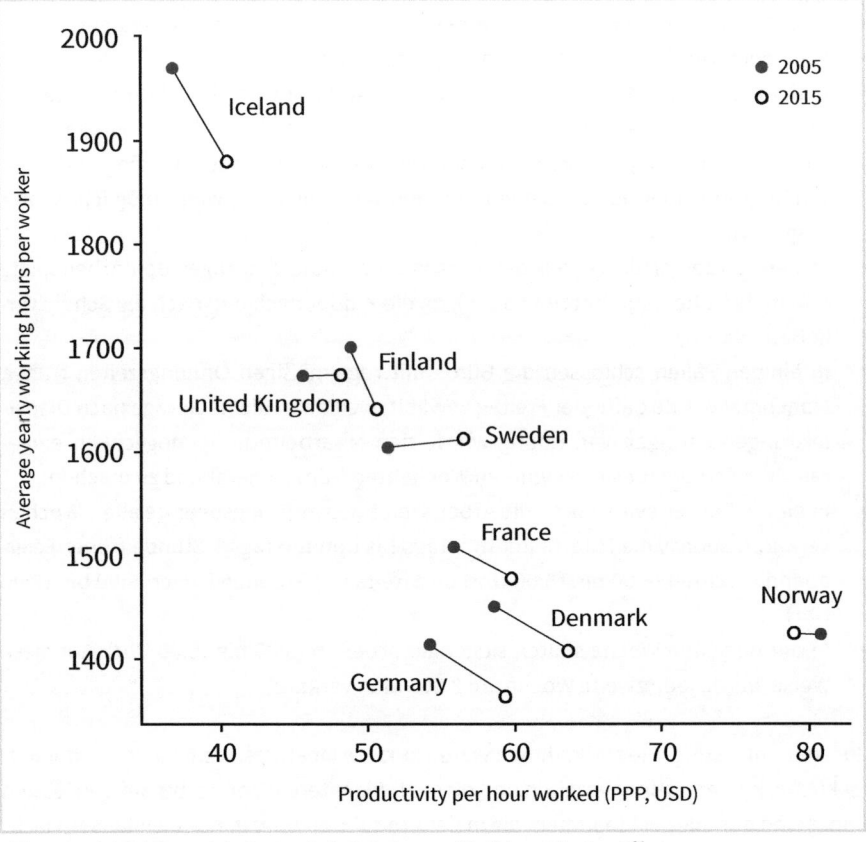

Abb. 3: Produktivität pro Arbeitsstunde in Relation zur jährlichen Arbeitszeit[21]

Die Grafik zeigt auf, dass zwischen 2005 und 2015 in den meisten Ländern die durchschnittliche Arbeitszeit zurückgegangen ist und sich die Arbeitsproduktivität pro Stunde in den meisten Ländern erhöht hat. Sie sagt allerdings nichts darüber aus, wie sich die gesamte Wertschöpfung in einem Land entwickelt hat. Man sieht aber auch, dass Island von einer im Vergleich sehr schlechten Ausgangsposition gestartet ist. Je

---

21   Ebd: S. 16

höher die Ausgangsstunden sind, desto größer dürfte in der Regel auch der Effekt auf die Produktivität sein. Das ist nicht verwunderlich, da das Risiko von Leerstunden, also Anwesenheitszeiten, die eigentlich nicht notwendig sind, mit der Wochenarbeitszeit ebenso ansteigt wie die Krankenquote. Man sieht aber auch, dass Deutschland bereits heute im Vergleich zu den anderen in Abbildung 3 dargestellten Ländern zwar die niedrigste Wochenarbeitszeit hat, aber dennoch bei der Arbeitsproduktivität niedriger liegt. Daher ist es auch eher zweifelhaft, ob eine weitere Reduktion der Wochenarbeitszeit zwingend und automatisch überall zu mehr Produktivität führt.

Auch wenn es letztendlich keine Studie zur 4-Tage-Woche war, möchte ich dennoch der Vollständigkeit halber überprüfen, inwieweit denn die Voraussetzungen für eine 4-Tage-Woche bzw. Arbeitszeitverkürzung gegeben waren:

Voraussetzung 1: Bedarfstyp. An beiden Studien haben ausschließlich Behörden und staatliche Unternehmen teilgenommen. Daher kann man davon ausgehen, dass überwiegend ein variabler und nicht fixer Bedarf vorgelegen hat. Fixen Bedarf gab es z. B. in Krankenhäuser, was zu Einstellung von mehr Personal geführt hat.

Voraussetzung 2: Öffnungs- bzw. Betriebszeit. Behörden müssen Öffnungszeiten einhalten. Da es aber keine Arbeitszeitverdichtung gab, sondern eine reale Arbeitszeitverkürzung, mussten Schichten umgeplant und gekürzt werden. In Einzelfällen führte dies zu verkürzten Öffnungszeiten.

Voraussetzung 3: Art der Tätigkeit. Die Art der Tätigkeit war überwiegend geistig fordernd und nicht körperlich schwer. Es wurde aber keine Arbeitszeitverdichtung durchgeführt, insofern spielt diese Voraussetzung keine Rolle.

Voraussetzung 4: Ausgangsproduktivität der Unternehmen. Über die Ausgangsproduktivität kann man nur spekulieren. Ich glaube ich trete niemandem zu nahe, wenn ich davon ausgehe, dass im öffentlichen Dienst (in den Behörden), der sich keinem Wettbewerb stellen muss und in dem die Kundenzufriedenheit auch nicht unbedingt an oberster Stelle steht, das Ausgangsproduktivitätslevel eher »moderat« war. D. h. es sollte vergleichsweise einfach gewesen sein, Maßnahmen zur Produktivitätssteigerung zu finden, um die verringerte Kapazität auszugleichen. Ein Indiz dafür ist, dass eine der Maßnahmen dafür gesorgt hat, dass Mitarbeiter in Randzeiten früher gingen, weil dann weniger zu tun war. Der Umkehrschluss ist, dass bis dato in den Randzeiten Mitarbeiter anwesend waren, obwohl sie nicht benötigt wurden.

Voraussetzung 5: Profitabilität der Unternehmen. Bei Behörden und Staatsunternehmen spielt Profitabilität in der Regel eher eine untergeordnete Rolle. Da, wo Mehrbedarf an Personal entstanden ist, wurden die Personen auf Staatskosten eingestellt.

Voraussetzung 6: Höhe der Wochenarbeitszeit. Die tatsächlich geleisteten Aus-gangswochenarbeitszeit war mit 44 Stunden inklusive Mehrarbeit sehr hoch, aber selbst die vertragliche Arbeitszeit lag ausschließlich bei 40 Stunden, sodass im Kern die Wochenarbeitszeit um 1/2 Arbeitstag reduziert wurde, was zu einer 4,5-Tage-Wo-che geführt hat.

Voraussetzung 7: Größe des Unternehmens. Die Größe der Organisationen war sehr divers. Man kann allerdings davon ausgehen, dass Behörden in Island deutlich kleiner sind als z.B. in Deutschland, zumal 2.500 Mitarbeiter ca. 1% der arbeitenden islän-dischen Unternehmen repräsentieren. Diese 2.500 Mitarbeiter verteilen sich auf 74 teilnehmende Organisationen, d.h. im Schnitt 33 Personen pro Organisation, was die Umsetzung einer derartigen Veränderung deutlich leichter macht als in größeren Or-ganisationen.

Voraussetzung 8: Wettbewerbssituation. Bei Behörden und Staatsunternehmen spielt die Wettbewerbssituation keine Rolle. Wenn es eng wurde, wurden die Defizite aus Steuergeldern finanziert.

Zusammenfassung und Einordnung der Ergebnisse

Die Ergebnisse sind erfreulich, beziehen sich aber ausschließlich auf eine Arbeitszeit-verkürzung von 4 Stunden pro Woche. Ich selbst sehe die 40-Stunden-Woche eben-falls kritisch, zumindest im Schichtbereich und bin von den Ergebnissen absolut nicht überrascht und durchaus erfreut, dass meine Erfahrungen durch die Studie bestätigt werden.[22] Dennoch ist es nicht möglich, die Ergebnisse 1:1 auf Deutschland zu über-tragen, da die Unternehmen in Deutschland insgesamt bereits auf einem niedrigeren Wochenstundenniveau sind als das in Island der Fall ist.

Eine Übertragung der Ergebnisse aus dem öffentlichen Dienst auf andere Branchen halte ich ebenfalls für kritisch. Ich möchte niemandem zu nahetreten, aber ich hielte es für realistisch, dass in Deutschland mit einer digitalisierten und prozessoptimier-ten öffentlichen Verwaltung die gleiche Arbeit an 3 statt an 5 Arbeitstagen zu erledi-gen wäre. Dennoch würde niemand im Traum daran denken, dass das Ergebnis auf jeden anderen Betrieb in Deutschland übertragbar wäre. Außerdem würde ich mir dann auch wünschen, dass die Effizienzgewinne eher dem Steuerzahler zugutekom-men oder zumindest die Bedingungen in der Pflege verbessert werden.

---

22 Mehr zur 40-Stunden-Woche bei Schichtarbeit kann in unserem Buch »NEW WORKforce Management – Arbeitszeit und Personaleinsatzplanung human, wirtschaftlich und kundenorientiert gestalten« auf Seite 188ff nachgelesen werden

Die Ergebnisse der beiden Studien können nicht dazu verwendet werden, um die Einführung einer 4-Tage-Woche zu begründen. Das ist nicht nur falsch, sondern absolut irreführend.

Was die Island-Studie zeigt

- Eine Arbeitszeitverkürzung von 40 auf 36 Stunden führt zu mehr Mitarbeiterzufriedenheit und weniger Kranktagen.
- Die Verkürzung der Arbeitszeit hat zu einer besseren Work-Life-Balance geführt, da dadurch die Betreuung von Kindern bzw. das Abholen und Bringen der Kinder zu bzw. von den Kitas einfach möglich war.
- Im öffentlichen Dienst können die Rahmenbedingungen und Prozesse so angepasst werden, dass überwiegend die gleichen Ergebnisse bzw. der gleiche Servicelevel mit weniger Arbeitszeit erreicht werden kann.
- Bei Betrieben mit Publikumsverkehr hat die Verkürzung der Arbeitszeit teilweise zu verkürzten Öffnungszeiten geführt.
- Eine Verbesserung der Produktivität war nicht in allen Organisationen möglich. Insbesondere in den Krankenhäusern musste als Ausgleich für die verkürzte Arbeitszeit zusätzliches Personal eingestellt werden.
- Die Arbeitszeitverkürzung kann in kleinen Teams (Durchschnittsgröße 33 Mitarbeiter pro teilnehmender Organisation) gut umgesetzt werden.
- Die positiven Effekte halten auch über einen Zeitraum von 2 Jahren an.

Was die Island-Studie nicht beweist

- Entgegen der allgemeinen Interpretation beweist die Island-Studie nicht, dass die gleichen Effekte mit einer 4-Tage-Woche erzielt werden können, da viel darauf zurückzuführen ist, dass die Produktivität je Mitarbeiter durch einen höheren Fokus bei einer geringeren Tagesarbeitszeit entstanden sind. Genau diesen Effekt gäbe es bei einer 4-Tage-Woche nicht.
- Aufgrund der besonderen Rahmenbedingungen des öffentlichen Diensts können die Ergebnisse nicht auf andere Branchen und Industrien übertragen werden.
- Die Studie erbringt keinen Beweis, dass in großen, anonymeren Organisationen die positiven Effekte ebenfalls erzielt werden können.
- Ob die gleichen Effekte erzielt werden, wenn z. B. die Arbeitszeit von 36 auf 32 Stunden reduziert wird, ist nicht bewiesen.

4.3   Studie 3: UK-Studie

Noch euphorischer als auf die zuvor dargestellte Isländische Studie waren die Reaktionen auf eine Studie aus England: Seitdem gibt es kein Halten mehr und DGB, IG-Metall und andere fordern die flächendeckende Einführung einer 32-Stunden-Woche bei vollem Lohnausgleich. Auch diese Studie lag mir vollständig vor[23], sodass es mir möglich war, diese im Detail zu bewerten.

Die Studie wurde von der Autonomy Research Ltd. durchgeführt. Für die UK-Studie konnten sich Unternehmen aus England freiwillig bewerben. Alle teilnehmenden Unternehmen mussten sich dazu verpflichten, den Beschäftigten weiterhin 100% des Gehaltes zu zahlen und gleichzeitig eine bedeutende (»meaningful«) Reduzierung der Arbeitszeit und damit eine 4-Tage-Woche zu ermöglichen. Die Ausgestaltung der 4-Tage-Woche konnte von den Beschäftigten weitestgehend selbst bestimmt werden. Eine Arbeitszeitverdichtung, also die Verteilung der aktuellen Wochenarbeitszeit auf 4 Arbeitstage, war nicht vorgesehen.

Folgende Modelle wurden in unterschiedlichen Betrieben umgesetzt:
- Ein zusätzlicher Schließtag wurde eingeführt. D.h. die Unternehmen hatten z.B. von Montag bis Donnerstag geöffnet, am Freitag war das Unternehmen geschlossen bzw. alle hatten frei.
- Die Betriebszeit wurde nicht angepasst, sondern anders organisiert: Das eine Team arbeitet von Montag bis Donnerstag, das andere von Dienstag bis Freitag.
- Eine Alternative bestand darin, die freien Tage individuell zu vereinbaren, sodass jede Abteilung an unterschiedlichen Tagen frei hatte.
- Eine weitere Möglichkeit war die Beibehaltung von 5 Arbeitstagen, wenn diese jeweils deutlich gekürzt wurden (also keine 4-Tage-Woche!)
- Eine weitere Option sah vor, dass im Durchschnitt über ein gesamtes Jahr 32 Stunden pro Woche gearbeitet wurden. D.h. bei saisonalen Peaks konnte mehr gearbeitet werden und in der Nebensaison entsprechend weniger.
- Schließlich war die Variante möglich, dass für einzelne Personen oder Bereiche die 4-Tage-Woche temporär außer Kraft wird, falls die Gefahr bestand, dass die aufgelaufene Arbeit nicht bewältigt werden konnte.

Insgesamt nahmen 61 Unternehmen mit 2.900 Mitarbeitern über einen Zeitraum von 6 Monaten an der Studie teil.

Folgende Ergebnisse wurden danach berichtet:
- 92% der Unternehmen wollen nach dem Test die 4-Tage-Woche beibehalten.
- 95% der Mitarbeiter bevorzugen nach dem Test eine 4-Tage-Woche gegenüber einer 5-Tage-Woche.
- 23 Unternehmen gaben an, dass der Umsatz innerhalb der sechsmonatigen Testphase um durchschnittlich 1,4% gestiegen sei.

---

23   The results are in: the UK's Four-Day Week Pilot, Autonomy Research Ltd.

- 24 Unternehmen gaben an, dass der Umsatz gegenüber einer nicht näher spezifizierten Vergleichsperiode in der Vergangenheit um durchschnittlich 34% gestiegen sei.
- Die Abwesenheitsrate sank von 2 Tage auf 0,7 Tage pro Mitarbeiter und Monat.
- Der gefühlte Stresslevel der Mitarbeiter reduzierte sich bei einer Skala von 1 bis 5 Punkten von 3,07 auf 2,74.
- Die gefühlte Erschöpfung bei den Mitarbeitern sank leicht bei einer Skala von 1 bis 10 Punkten von 7,69 auf 7,19.

Die Ergebnisse sind zweifellos gut. Entsprechend war die Berichterstattung in den Medien ziemlich euphorisch. Leider hat sich aber kaum jemand die Mühe gemacht, die Studie genauer zu lesen. Denn bei genauer Lektüre kann man auch noch ganz andere Schlüsse ziehen.

Teilnehmer der Studie
Sehen wir uns erstmal die Teilnehmer der Studie an. Man konnte sich, wie gesagt, freiwillig zur Studie anmelden, was bedeutet, dass sich auch nur solche Unternehmen beworben haben, die die Voraussetzungen für eine 4-Tage-Woche erfüllen. Folgendes ist über die teilnehmenden Unternehmen zu berichten:
- Von den 61 Unternehmen hatten 66% weniger als 25 Mitarbeiter und 88% hatten weniger als 100 Mitarbeiter.
- Von den 61 Unternehmen waren nur 4 Unternehmen aus dem produzierenden Bereich. Nach allem, was ich recherchieren konnte, arbeitete keines dieser Unternehmen teil- oder vollkontinuierlich.
- 89% der Unternehmen kamen aus dienstleistenden Bereichen wie Marketing, professional Services, und Branchen wie gemeinnützige Organisationen, Finanzdienstleistung, Unterhaltungsbranche.

Letztendlich war also, nach allem, was ich herausfinden konnte, kein Unternehmen dabei, das
- teil- oder vollkontinuierlich arbeitet,
- sich dem globalen Wettbewerb stellen muss,
- als Ausgangspunkt eine sehr hohe Produktivität hatte, denn sonst wären die notwendigen Prozessoptimierungen nicht so ohne weiteres möglich gewesen.

Alle Unternehmen hatten also sehr gute Voraussetzungen, und diejenigen, die nicht in einer so guten Startposition waren, hatten sich – wenig überraschend – erst gar nicht beworben!

Ergebnis: Studie ist statistisch nicht valide
Daher muss man eindeutig feststellen, dass die Studie aufgrund
- der Größe der Stichprobe,

- der Art der Unternehmensauswahl und
- der Zusammensetzung der Teilnehmer

auch nur annähernd als statistisch valide und repräsentativ angesehen werden kann.

Was würden Sie davon halten, wenn eine Studie durchgeführt wird, die die Gesundheitsdaten von Marathonteilnehmern analysiert, aus der hervorgeht, dass die Probanden sehr gute Kreislaufwerte, Blutwerte etc. haben. In der Presse wird dann daraus, dass ab jetzt jeder einen Marathon laufen sollte? Klingt absurd? Ist aber nichts anderes: Es wird ein kleiner Teil der Bevölkerung untersucht, der die Voraussetzungen hat, einen Marathon zu laufen und sich freiwillig zur Studie meldet, und dann werden die Ergebnisse auf den Rest der Bevölkerung übertragen.

Besonderheiten der Untersuchung, die das Ergebnis beeinflussen
Wie schon einleitend gesagt, sehen die Ergebnisse anders aus, wenn man die Umstände der Untersuchung detailliert berücksichtigt. Das will ich im Folgenden tun.

Detail 1: Die teilnehmenden Unternehmen hatten vor Beginn der 4-Tage-Woche ein Programm zur Effizienzsteigerung gestartet, um die Produktivität zu erhöhen.

Zuerst wurde also die Produktivität gesteigert und dann wurde die 4-Tage-Woche eingeführt. Dieser Punkt ist wichtig, denn in den Medien wird diese Kausalkette gerne andersherum dargestellt. Demzufolge wurde durch die 4-Tage-Woche quasi automatisch die Produktivität gesteigert. Das ist aber meines Erachtens ein ganz erheblicher Unterschied! Das ist so, als behaupte man, dass man automatisch abnimmt, wenn man sich die Hose nur eine Nummer kleiner kauft. In der Realität wird man wohl erst abnehmen und sich dann nach der nächsten Kleidergröße umsehen.

Außerdem gab es in nahezu allen Unternehmen die Vereinbarung, dass zusätzliche Arbeitszeiten geleistet werden mussten, falls die betrieblichen Abläufe nicht aufrechterhalten werden bzw. die Kundenbedürfnisse nicht mehr bedient werden könnten.

Offenbar wurde diese Option öfter gezogen, denn es hat zu einem Ergebnis geführt, das die sogenannte 4-Tage-Woche in einem völlig neuen Licht darstellt:

Detail 2: Tatsächlich sank die Arbeitszeit im Durchschnitt nämlich nur von 38 auf 34 Stunden und die Anzahl der Arbeitstage sank nur von 4,86 auf 4,52!

Im Ergebnis wurde folglich im Durchschnitt nicht *eine* 4-Tage-Woche umgesetzt, sondern eine 4,5-Tage-Woche. Umso erstaunlicher sind die dennoch erreichten positiven Effekte. Dabei muss man aber auch noch berücksichtigen, dass die Dauer der Studie auf 6 Monate begrenzt war.

Man kann davon ausgehen, dass alle teilnehmenden Mitarbeiter eine sehr hohe Motivation hatten, den Test zum Erfolg zu führen, um aufzuzeigen, dass die 4-Tage-Woche bei vollem Lohnausgleich funktioniert. Dafür hat man auch gerne in Kauf genommen, bei Bedarf dann doch immer wieder einen fünften Tag zu arbeiten.

Gedankenspiel

Die spannende Frage ist: Wären die Mitarbeiter auch über einen längeren Zeitraum motiviert gewesen, freiwillig »Mehrarbeit« zu leisten? Oder wäre die Motivation gesunken, sobald das Recht auf eine 4-Tage-Woche mittels Gesetz, Tarifvertrag oder Betriebsvereinbarung verbrieft gewesen wäre.

Hierzu ein Gedankenspiel. Wir führen keine 4-Tage-Woche ein, sondern erhöhen pauschal alle Gehälter um 25%. Mit der Gehaltserhöhung geht die Erwartung einher, dass auch die Produktivität um 25% steigen muss. Wenn das innerhalb einer Testphase von 6 Monaten gelingt, bleibt die Gehaltserhöhung erhalten, wenn nicht, wird das Gehalt wieder auf den Ausgangspunkt gesenkt. Was meinen Sie, wie das Experiment ausgeht? Wäre es nicht ebenfalls zu erwarten, dass die Mitarbeiter während der 6 Monate sich richtig reinhängen, um den Gehaltsvorteil zu erhalten? Und was würde in der Folge passieren, wenn das höhere Gehalt nach der Testphase vertraglich festgeschrieben ist? Wie würden sich Mitarbeiter verhalten, die erst nach der Testphase zu dem hohen Gehalt eingestellt werden, für die dieses Gehalt also von Anfang an »normal« ist?

In meiner Beratungstätigkeit habe ich viele Kunden erlebt, die das Gehalt erhöht hatten, damit dann z. B. 10 Stunden Mehrarbeit pro Monat inkludiert waren. Spätestens nach ein paar Jahren führten diese Regelungen immer zu massivem Unmut. Denn das Gehalt wird als normal angesehen und die Mehrarbeit gilt somit als unbezahlt, was wiederum dazu führt, dass man diese nicht erbringen oder wieder bezahlt haben möchte.

Was passiert also, wenn die 4-Tage-Woche nicht mehr als Privileg, sondern als Normalzustand angesehen wird? Wäre die Bereitschaft bei Engpässen, einen 5. Tag zu arbeiten immer noch so hoch wie in der Studie oder würde das irgendwann wieder als Mehrarbeit angesehen werden, die entsprechend entlohnt werden muss? Wenn dem so wäre, dann wäre ein nicht unwesentlicher Teil des Produktivitätsgewinns vermutlich wieder egalisiert. Jetzt aber wieder zurück zur Studie.

Fazit zur UK-Studie

Sowohl die Art der Studie als auch die Aufbereitung halte ich insgesamt für sehr gelungen, und ich bin durchaus dankbar für die gelieferten Erkenntnisse, gerade in Bezug auf die positiven Effekte, die durch eine verkürzte Arbeitszeit erreicht werden können.

Allerdings halte ich die verkürzte Zusammenfassung für irreführend und halte das Label »4-Tage-Woche« angesichts der unterschiedlichen Ausgestaltungsmöglichkeiten und der tatsächlich erreichten 4,52-Tage-Woche für Etikettenschwindel.

Leider hat die verkürzte Zusammenfassung dazu geführt, dass es die Einführung einer 4-Tage-Woche mittlerweile auf breiter Ebene für möglich gehalten wird und man sogar fest davon ausgeht, dass man dadurch fast automatisch mehr Umsatz macht.

Zudem sei zu der Zusammenfassung noch angemerkt:

Ein Umsatzwachstum von 1,4 % in 6 Monaten bei einer Inflationsrate von über 7 % löst bei mir keinen Enthusiasmus aus.

Die 34 % Umsatzsteigerung gegenüber einer selbst zu wählenden Vergleichsperiode in der Vergangenheit halte ich für maximal intransparent und methodisch hinterfragbar. Die erste zurückliegende Vergleichsperiode war mitten in der Coronazeit, in der die Umsätze evtl. aus anderen Gründen niedriger waren. Geht man deshalb sogar noch in die Zeit vor Corona zurück, ist das mittlerweile 2 bis 3 Jahre her und auch hier ist nicht klar, ob dann eine Vergleichbarkeit überhaupt noch gegeben ist.

Es gab keine Vergleichsgruppe mit einer ähnlichen Auswahl von Unternehmen, die keine 4-Tage-Woche umgesetzt hat. Wenn das Umsatzwachstum der 4-Tage-Woche-Unternehmen über dem der Vergleichsgruppe gelegen hätte, wären die oben genannten Aussage statistisch valide. So sind stehen die Zahlen allerdings ohne Relation da und niemand kann begründet sagen, dass ob es sich um eine Kausalität oder eine Korrelation in Bezug auf die Einführung der 4-Tage-Woche handelt.

Da dieser Unterschied sehr wichtig ist, möchte ich ihn anhand eines Beispiels erklären. Es gibt eine statistisch nachweisbare Korrelation zwischen der Entwicklung einer Population der Störche und der Geburtenrate innerhalb verschiedener Länder. D. h. je weniger Störche, desto geringer die Anzahl der Geburten. Die Korrelation ist real, allerdings darf man als aufgeklärte Gesellschaft davon ausgehen, dass es keinen kausalen Zusammenhang gibt. Die naheliegende Erklärung ist, dass bei steigender Industrialisierung einer Nation der Lebensraum der Störche abnimmt und mit steigendem Wohlstandslevel, der meist mit der Industrialisierung einhergeht, in den meisten Fällen die Geburtenrate zurückgeht.

Was die UK-Studie zeigt

- Eine Arbeitszeitverkürzung von ca. 38 auf 34 Stunden und eine Reduktion der Arbeitstage von ca. 4,8 auf 4,5 pro Woche führt zu mehr Mitarbeiterzufriedenheit und weniger Kranktagen

- Die Umsetzung einer Arbeitszeitverkürzung ohne Produktivitätsverlust kann gelingen, wenn Vorher entsprechende Maßnahmen zur Prozessoptimierung eingeleitet werden
- Die erfolgreiche Umsetzung einer Arbeitszeitverkürzung scheint am ehesten in Betrieben zu gelingen, die
  - eher weniger oder etwas mehr als 100 Mitarbeiter haben
  - sich nicht im internationalen Wettbewerb befinden
- Wenn die Gesamt-Produktivität des Unternehmens gehalten wird, führt dies nicht zu Umsatzverlust

Was die UK-Studie nicht beweist

- Dass eine wirkliche 4-Tage-Woche funktioniert und die gleichen Effekte hat wie die tatsächlich umgesetzte 4,5-Tage-Woche
- Dass die Einführung einer Arbeitszeitverkürzung automatisch zu einer höheren Produktivität führt
- Dass die Umsetzung einer Arbeitszeitverkürzung automatisch zu höheren Umsätzen führt (dazu hätte es man eine Vergleichsgruppe ohne Arbeitszeitverkürzung gebraucht, die nachweislich keine höheren Umsätze erwirtschaftet hat)
- Dass die positiven Effekte gerade im Hinblick auf die Produktivität in allen Unternehmensgrößen und Branchen funktioniert

5 Fazit der Studienlage

An allen 3 Studien haben ausschließlich Unternehmen an einer 4-Tage-Woche teilgenommen, die auch die entsprechenden Voraussetzungen dafür hatten.

Sowohl bei der Island-Studie als auch in der UK-Studie wurden keine reinen 4-Tage-Wochen umgesetzt, sondern Arbeitszeitverkürzungen umgesetzt, die im Durchschnitt zu einer 4,5-Tage-Woche geführt haben.

Dieser Aspekt wird bei der Berichterstattung komplett außen vorgelassen, stattdessen wird der Eindruck erweckt, dass die durchweg positiven Ergebnisse ausschließlich durch eine Umstellung auf eine reine 4-Tage-Woche erzielt wurden.

Es ist sehr erstaunlich, wie es zu einer derart einseitigen und faktisch falschen Berichterstattung in den Medien kommen konnte. Wichtig ist es, dass Journalisten sich für die Berichterstattung detaillierter mit dem Thema beschäftigen und eine kritische Darstellung als einen zentralen Aspekt journalistischen Know-hows wiederentdecken.

Die Faktenfreiheit bezieht sich allerdings nur in Bezug auf die 4-Tage-Woche.

Insgesamt zeigen die Studien sehr wohl auf, dass durch eine sinnvoll gestaltete Arbeitszeitverkürzung
- die Krankenquoten signifikant sinken
- die Motivation und Zufriedenheit der Mitarbeiter steigen
- die Arbeitgeberattraktivität steigt
- Potenziale zur Steigerung der Produktivität gefunden und genutzt werden

sofern das Ausgangsniveau der Wochenarbeitszeit entsprechend hoch ist. Ob diese Effekte bei einer Reduktion von 35 auf 30 Stunden ähnlich wären, wage ich allerdings zu bezweifeln.

Zudem zeigen sowohl die Island- als auch die UK-Studie, dass die Unternehmen viel Gestaltungsspielräume für die Umsetzung der Arbeitszeitverkürzung benötigen. Die 4-Tage-Woche in den unterschiedlichsten Ausprägungen kann dabei nur ein Modell von vielen sein. Ein One-Size-Fits-All-Ansatz in Form einer vorgegebenen 4-Tage-Woche bei vollem Lohnausgleich kann dem nicht gerecht werden und wäre für viele Unternehmen der Anfang vom Ende. Auch die 151 Gestaltungsbeispiele im Buch »4-Tage-Woche« zeigen, dass nur die wenigsten Unternehmen tatsächlich den Ansatz »4-Tage-Woche mit Arbeitszeitverkürzung und vollem Lohnausgleich« umgesetzt haben.

Mein Fazit ist, dass es sich für jedes Unternehmen lohnt, sich mit dem Thema Arbeitszeitverkürzung in Verbindung mit Arbeitszeitflexibilisierung zu beschäftigen. Die positiven Effekte sind so stark, dass man sie nicht ignorieren kann. Und gerade in Zeiten des Fachkräftemangels hat man als Unternehmen mit flexiblen und nicht zu belastenden Arbeitszeitmodellen entscheidende Vorteile beim Halten und Finden von Beschäftigen.

Wenn alle Voraussetzungen erfüllt sind, spricht auch nichts gegen die Einführung einer 4-Tage-Woche, in welcher Ausprägung auch immer. Allerdings kann die 4-Tage-Woche nur eine von vielen Möglichkeiten sein, sich dem Thema Arbeitszeitverkürzung zu nähern. Und man sollte auch nicht vergessen, dass es nach wie vor Mitarbeiter gibt, die auch gerne 5 Tage arbeiten und dafür mehr verdienen wollen. Daher kann die Lösung nicht darin liegen, eine unflexible 5-Tage-Woche zwangsweise durch eine unflexiblen 4-Tage-Woche zu ersetzen, sondern eine Auswahl an unterschiedlichen Optionen und Modellen zu schaffen, aus denen die Mitarbeiter je nach Präferenz wählen können.

Im folgenden, dritten Teil des Buchs, wird aufgezeigt, wie man derartige Modelle gestalten kann und welche unterschiedlichen Gestaltungsmöglichkeiten es gibt.

Dritter Teil:
Alternativen zur 4-Tage-Woche

6 Arbeitszeitflexibilisierung als Alternative zur 4-Tage-Woche

6.1 Arbeitsflexibilisierung als strategische Maßnahme in Zeiten von Fachkräftemangel

Gemäß Statistisches Bundesamt wird die Zahl der Erwerbstätigen zwischen 2019 und 2035 um ca. 5 Millionen Personen zurückgehen. Das sind pro Jahr durchschnittlich ca. 300.000 Erwerbstätige weniger.

Rein rechnerisch ist entsprechend bis Mitte 2023 die Zahl der Erwerbstätigen um 1 Million gesunken[24]. Und tatsächlich sind die Auswirkungen bereits jetzt dramatisch:

Es gibt in Deutschland einen deutlichen Fachkräftemangel.

In der Studie der »Initiative Chefsache« wurde aufgezeigt, dass aktuell
- 40 % aller Beschäftigten wechselwillig sind,
- 50 % kürzere Arbeitszeiten wünschen,
- 60 % mindestens einen Tag Homeoffice pro Woche haben wollen
- 85 % der Beschäftigten generell flexiblere Arbeitszeiten fordern, wobei Mitarbeiter mit Flexibilität etwas anderes meinen als Arbeitgeber!

Zugleich wird Schichtarbeit und Arbeit am Wochenende für Arbeitnehmer immer unattraktiver. Nahezu alle unsere Kunden berichtet, dass es für sie immer schwierig wird, für Schichtarbeit und Arbeit am Wochenende noch Bewerber zu finden. Und je höher die Qualifikation der gesuchten Mitarbeiter ist, umso schwerer wird die Rekrutierung.

Dem steht die Entwicklung gegenüber, dass der Bedarf an Schichtarbeit gerade bei höher qualifizierten Tätigkeiten steigt. Denn mit weiter zunehmender Automatisierung, die einfache Tätigkeiten ersetzt, sinkt zwar insgesamt der Bedarf an Mitarbeitern, jedoch steigt der Bedarf an für die Maschinenbedienung qualifiziertem Personal. Und da die automatisierten Anlagen zudem teuer sind, besteht die Notwendigkeit, die Anlagen aus Rentabilitätsgründen rund um die Uhr laufen zu lassen, was den zuvor genannten Personalbedarf noch weiter anwachsen lässt.

Wurden früher Mitarbeiter oft nur innerhalb einer Branche abgeworben, passiert das mittlerweile zunehmend auch branchenübergreifend, die Gastronomie kann ein Lied davon singen! Da Fachkräfte fehlen, machen sich die Unternehmen die Mitarbeiter

---

24 Statistisches Bundesamt, Erwerbspersonenvorausberechnung, S. 29

branchenübergreifend gegenseitig streitig. Die Unternehmen, die das attraktivste Angebot hinsichtlich Entlohnung, Arbeitsbedingungen und Unternehmenskultur haben, werden einen Zustrom von Beschäftigten haben, die die unattraktiven Unternehmen verlassen. Und da viele Branchen bzw. Unternehmen mit Schichtbetrieb kein Homeoffice anbieten können, und zudem Personal für die Arbeit in der Nacht und am Wochenende benötigen, werden diese Unternehmen nicht im ersten Drittel der Attraktivitätsreihenfolge stehen.

Das bedeutet im Umkehrschluss, dass gerade diesen Branchen jede Möglichkeit, die sie haben, nutzten müssen, um die Arbeitsbedingungen für die Mitarbeiter zu verbessern.

Bei administrativen Tätigkeiten kann man selbst mit einer 40-Stunden-Woche ein attraktives Arbeitsumfeld herstellen: Gleitzeit, Vertrauensarbeitszeit, Homeoffice, attraktive Bürowelten mit Kaffee-Ecken. Diese Veränderungen des Arbeitsumfeld wurden in den letzten Jahren unter dem Label »New Work« vorangetrieben.

Ich bin der Meinung, dass man in einem Bürojob in einem angenehmen Umfeld mit flexiblen Arbeitszeiten nicht per se überfordert ist, wenn man 40 Stunden pro Woche arbeitet. Ich arbeite grundsätzlich mehr und fühle mich mit meiner erfüllenden Tätigkeit sehr wohl.

Anders sieht es in operativen Bereichen wie z. B. der Produktion oder der Pflege aus. Wenn wir mal vom Klatschen während des ersten Coronajahres für die Pflegekräfte absehen, ist dort nichts passiert.

Es gibt unter der Deskless Workforce sehr berechtigt den Eindruck, dass die Mitarbeiter – z. B. der Produktion und der Pflege – nur noch Mitarbeiter zweiter Klasse sind.

Allerdings wäre es ein Fehlschluss, aufgrund der wenig attraktiven Arbeitsbedingungen in den zuvor genannten Bereichen, jetzt auch z. B. Homeoffice zu verbieten, nur weil es in anderen Teilen des Unternehmens nicht möglich ist. (Das hat Elon Musk zwar getan, doch ist er, auch wenn er hinsichtlich Technologie ein Visionär sein mag, als Führungskraft erwiesenermaßen kein Vorbild.) Die Arbeitsbedingungen bereichsübergreifend auf einen kleinsten gemeinsamen Nenner zu trimmen, ist nicht zielführend. Führt man diesen Gedanken weiter, müsste man eigentlich auch in der Verwaltung Mehrschichtbetrieb einführen, weil es ja unfair wäre, wenn man Gleitzeit hat und die Kollegen und Kolleginnen in der Produktion nicht.

Der richtige Ansatz für eine unternehmensweite Verbesserung der Arbeitsbedingungen ist hingegen, in jedem Bereich das jeweils Beste herauszuholen.

Vergleich: Gleitzeit bzw. Vertrauensarbeitszeit und Schichtarbeit

Ein exemplarischer Vergleich der Bedingungen von einerseits Gleitzeit bzw. Vertrauensarbeitszeit und andererseits Schichtarbeit hinsichtlich der Vor- und Nachteile sieht folgendermaßen aus:

Gleitzeit / Vertrauensarbeitszeit	
Vorteile	Nachteile
Einfluss auf Lage und Dauer der täglichen Arbeitszeit, solange die Arbeit erledigt wird.	keine zusätzliche Freizeit aus Schichtzulagen
Homeoffice mit der Option zwischendurch private Dinge zu erledigen (z. B. Homeschooling, Einkaufen, Wäsche waschen), solange die Arbeit im Laufe des Tages bzw. innerhalb bestimmter Fristen erledigt wird.	keine steuerfreien Nachtzuschläge bzw. Sonn- und Feiertagszuschläge
I. d. R. gute Arbeitsbedingungen (z. B. Heizung, Klimaanlage, Kaffeeküche, Kantine …)	keine ganzen freien Vor- oder Nachmittage, sofern in der Gleitzeitvereinbarung Kernzeiten definiert sind
Flexibilität hinsichtlich Arzt- und Behördengänge	
Flexibilität hinsichtlich Kindererziehung (Kinder zur Kita bringen bzw. abholen)	
Flexibilität für Hobbies (z. B. hohe Wahrscheinlichkeit, jeden Donnerstagabend beim Training im Sportverein zu sein)	
Standardmäßig freie Wochenenden	

Abb. 4: Vor- und Nachteile von Gleitzeit bzw. Vertrauensarbeitszeit

Schichtarbeit	
Vorteile	Nachteile
Bei Spätschicht ganze freie Vormittage; bei Frühschicht ganze freie Nachmittage, was gut für Behördengänge sein kann	Bei Vollkonti oft nur ein freies Wochenende pro Monat
Bei Vollkonti freie Tage unter der Woche, man kann Freizeitaktivitäten durchführen, wenn nicht so viel los ist wie am Wochenende	Vereinsaktivität nur schwer möglich, da bei Spät- und Nachtschicht Teilnahme an Training oft unmöglich
Oft zusätzlich freie Tage durch Schichtfreizeiten	Kein Homeoffice möglich (in der Regel)
Hohe, teilweise steuerfreie Zuschläge	In getakteten Fertigungen kein Einfluss in Bezug auf Dauer und Lage der Arbeitszeit (eher unmöglich, Kinder bei Frühschicht zur Kita zu bringen)

Abb. 5: Vor- und Nachteile von Schichtarbeit

Vergleicht man die Vor- und Nachteile von Gleitzeit und Vertrauensarbeitszeit versus Schichtarbeit, sieht man sofort, dass ein Ungleichgewicht herrscht.

Wenn man jetzt noch ausschließlich im Angestelltenbereich eine 4-Tage-Woche einführt, weil es in der Produktion aufgrund der Rahmenbedingungen nicht möglich ist, würde die Lücke noch weiter auseinanderklaffen.

Bevor man also in einer in der Regel bereits sehr arbeitszeitflexiblen Verwaltung über eine 4-Tage-Woche nachdenkt, sollte man in der Produktion flexible Arbeitszeiten einführen.

Zudem ist es sehr empfehlenswert darüber nachzudenken, ob es gut ist, die verschiedenen Bereiche gleich zu machen. Die Arbeitsbedingungen zwischen administrativen Bereichen und operativen Bereichen sind teilweise extrem unterschiedlich, selbst wenn es keine Schichtarbeit gibt. Allein die Vor- und Nachteile von Gleitzeit und Schichtarbeit zeigen diese Unterschiede auf. Wenn die Arbeitsbedingungen und auch die Arbeitszeiten ohnehin komplett anders sind, warum muss man dann die gleiche Wochenarbeitszeit haben? Und da Schichtarbeit deutlich anstrengender und gesundheitsschädlicher ist als die Arbeit in einem Gleit- oder Vertrauensarbeitszeitsystem, sollte nicht der Verwaltungsbereich die 4-Tage-Woche erhalten, sondern die operativen Bereiche eine Arbeitszeitverkürzung. Und selbst hier könnte man noch zwischen einer 2- und einer 3- bzw. 4-Schicht differenzieren.

Das Motto für die folgenden Vorschläge könnte daher sein:

Arbeitszeitverkürzung ist das Homeoffice der Deskless Workforce

Vorschlag 1: Nehmen wir mal an, man optimiert in den administrativen Bereichen die Prozesse, sodass die Mitarbeiter die gleiche Arbeit in 4 Tagen schaffen.
- Man könnte allen Angestellten, die es möchten, ermöglichen, in Teilzeit zu arbeiten. Jedoch wird nicht pauschal die 4-Tage-Woche bei vollem Lohnausgleich eingeführt.
- Stattdessen verwendet man den Produktivitätsgewinn dafür, um zusätzliches Personal in der Produktion einzustellen, damit man dort die Wochenarbeitszeit von 40 auf 38 Stunden senken kann.

Vorschlag 2: Nehmen wir weiter an, dass durch eine Arbeitszeitverkürzung die Krankenquote um 5 % gesenkt werden kann, dann wäre eine Absenkung der Arbeitszeit auf 36 Stunden denkbar.
- Würde man jetzt pro Mitarbeiter und Woche durch die höhere Flexibilität eine Leerstunde einsparen, käme man auf 35 Stunden bei vollem Lohnausgleich.

- Denn wenn Mitarbeiter flexibler eingesetzt werden können, kann man eher vermeiden, dass Beschäftigte anwesend sind, obwohl nichts zu tun ist.

Die beiden Vorschläge mögen provokativ erscheinen. Aber ich bin der Meinung, dass wir endlich die Arbeitsbedingungen derjenigen verbessern müssen, die bei der gesamten New-Work-Diskussion bisher völlig vergessen wurden und dass die privilegierten White-Collar-Bereiche dazu einen Beitrag leisten können.

In diesem Beispiel habe ich nur davon gesprochen, dass man in der Verwaltung so optimiert, dass die Arbeit von 5 auch an 4 Tagen erledigt werden kann, während ich für die Produktion »nur« über eine Arbeitszeitverkürzung gesprochen habe. Dies war durchaus beabsichtigt. Im folgenden Kapitel erkläre ich, warum eine 4-Tage-Woche im Schichtbetrieb schwerer umzusetzen ist als in administrativen Bereichen.

6.2   Warum die 4-Tage-Woche im Schichtbetrieb schwerer umzusetzen ist als in administrativen Bereichen

Wie ausgeführt, kann die 4-Tage-Woche mit oder ohne Verkürzung der Wochenarbeitszeit umgesetzt werden.

In nichtkontinuierlichen Bereichen können somit auch Wochenarbeitszeiten jenseits der 32-Stunden auf 4 Tage umverteilt werden. Dies erklärt auch, dass sämtliche Teilnehmer der besprochenen Studien entweder rein White-Collar-Betriebe oder Handwerksbetriebe oder andere Betriebe mit einer oder maximal 2 Schichten waren.

Bei vollkontinuierlichen Betrieben ist es nicht möglich, mehr als 32 Stunden pro Woche an 4 Tagen zu arbeiten, da eine einzelne Schicht nicht länger als 8 Stunden zzgl. einer kleinen Zeitspanne für evtl. benötigte Übergabezeiten dauern kann – und dies auch nur, wenn die Pausen bezahlt werden, d. h. real sind es oft sogar nur 29,5 Stunden.

Sehen wir uns einmal an, inwieweit ein teil- oder vollkontinuierlicher Betrieb die Voraussetzungen für ein 4-Tage-Woche erfüllt:

Voraussetzung 1: Bedarfstyp. Der Bedarf ist fix, d. h. die Maschinen müssen rund um die Uhr betrieben werden. Damit müssen die Arbeitszeiten geplant werden, die Mitarbeiter müssen sich an die jeweiligen Beginn- und Endzeiten der Schichten halten.

Voraussetzung 2: Öffnungs- bzw. Betriebszeit. Entweder Montag bis Freitag (teilkontinuierlich) oder Montag bis Sonntag (vollkontinuierlich) 24 Stunden pro Tag.

Voraussetzung 3: Art der Tätigkeit. Diese hängt vom jeweiligen Unternehmen ab. Da die Arbeitszeit aber ohnehin nicht auf wesentlich mehr als 8 Stunden ausgeweitet werden kann, ist die Schwere der Arbeit für diesen Aspekt unerheblich.

Voraussetzung 4: Ausgangsproduktivität der Unternehmen. Getaktete Fertigungen oder Fließfertigungen sind in der Regel bereits sehr effizient umgesetzt. Die Maschinen laufen oft kontinuierlich und müssen bedient oder mit Material versorgt werden. Häufig können die Mitarbeiter noch nicht einmal ohne Vertretung auf die Toilette. Ob die Mitarbeiter motiviert sind oder nicht, hat daher keinen direkten Einfluss auf den Output. Denn in getakteten Fertigungen laufen die Maschinen nicht schneller, nur weil Mitarbeiter wegen einer 32-Stunden-Woche motivierter sind. Die Wirkungen sind eher indirekt Art zu erwarten, z. B. in Form einer sinkende Krankenquote, weniger Unfälle, sinkende Ausschusszahlen.

Bei Einzelarbeitsplätzen ist ein höherer Output bei mehr Motivation durchaus möglich.

Voraussetzung 5: Profitabilität der Unternehmen. Die Profitabilität der Unternehmen dürfte sehr unterschiedlich sein. Tendenziell sind die Margen bei produzierenden Unternehmen in der Regel höher als in der Logistik, wobei man das nicht grundsätzlich verallgemeinern kann. Insofern ist es abhängig vom jeweiligen Unternehmen, inwieweit es sich eine geringere Produktivität leisten kann.

Voraussetzung 6: Höhe der Wochenarbeitszeit. Im produzierenden Gewerbe liegt die Wochenarbeitszeit in der Regel bei 35 bis 40 Stunden. Muss die Wochenarbeitszeit von 40 auf 32 Stunden gesenkt werden, würde damit ein Kapazitätsverlust von 20 % einhergehen, der durch eine Produktivitätssteigerung von 25 % ausgeglichen werden müsste. Geht man davon aus, dass – wie beschrieben – die Produktivität bereits sehr hoch ist, ist es eher unrealistisch, dass rein durch eine gesunkene Krankenquote und durch weniger Ausschuss die zum Ausgleich erforderliche Produktivitätssteigerung realisiert werden kann. Liegt die Arbeitszeit allerdings ohnehin bereits bei 35 Stunden ist der Weg zu 32 Stunden nicht mehr allzu weit.

Voraussetzung 7: Größe des Unternehmens. Die Größe von produzierenden Unternehmen ist sehr unterschiedlich. In den meisten Fällen kann man aber davon ausgehen, dass produzierende Unternehmen eher mehr als 50 Mitarbeiter haben und die Umsetzung von Veränderungen schwieriger ist als in kleinen Unternehmen mit weniger als 10 Beschäftigten.

Voraussetzung 8: Wettbewerbssituation. Die Produktivität ist in diesen Unternehmen in der Regel daher so hoch, weil sie sich bereits im globalen Wettbewerb behaupten und mit Konkurrenten im Ausland messen müssen, die deutlich geringere Lohnkosten bei deutlich höherer Wochenarbeitszeit haben.

Fazit
Nur Unternehmen können sich die 4-Tage-Woche bei vollem Lohnausgleich leisten, die eine entsprechende Marge haben, um die verringerte Kapazität ausgleichen zu können. Denn kann die geringere Kapazität nicht durch eine erhöhte Produktivität ausgeglichen werden, müssten im auf der Personalseite bis zu 25% neue Mitarbeiter eingestellt werden, um die bis zu 20% fehlende Kapazität auszugleichen. Dies werden sich die meisten global agierenden Unternehmen aufgrund der Wettbewerbssituation aber nicht leisten können. Oder anders ausgedrückt: Würden diese Unternehmen zu einer 4-Tage-Woche per Gesetz oder Tarifvertrag gezwungen, könnten das viele nicht überleben bzw. wären dazu gezwungen, die Produktion aus Deutschland zu verlagern.

Vorschlag: Flexible Arbeitszeitverkürzung
Während eine 4-Tage-Woche als Pauschalansatz für viele Unternehmen schwierig wäre, ist eine flexible Arbeitszeitverkürzung immer möglich.

In unseren Beratungsprojekten führen wir regelmäßig Datenanalysen durch, in welchen wir Bedarfe, produzierte Mengen und geleistete Arbeitszeit analysieren. Auch in vollkontinuierlichen Betrieben können wir nicht unerhebliche Mengen an Leerstunden identifizieren, d.h. Zeiten, in denen die Mitarbeiter zwar anwesend sind, aber nicht zwingend gebraucht werden.

Außerdem finden wir in derartigen Unternehmen aufgrund der belastenden Tätigkeiten und Schichtpläne oft Krankenquoten jenseits der 15% vor. Durch eine kürzere Wochenarbeitszeit wäre mehr Flexibilität möglich, wodurch Leerstunden reduziert werden können, und durch die geringere Belastung ist, wie in den Studien aufgezeigt, eine deutliche Reduktion der Krankenquote wahrscheinlich.

Die Reduzierung der Leerstunden ist allerdings nur durch Flexibilisierung möglich. Eine fixe 4-Tage-Woche ist alles andere als flexibel und würde nicht dazu beitragen, diese Form der Leerstunden zu vermeiden. Mit einer Flexibilisierung und Entlastung wären dann aber ohne Prozessoptimierung Produktivitätsgewinne von 10 bis 15% bei weniger Belastung möglich. Diese 10 bis 15% entsprächen in etwa der Verkürzung der Wochenarbeitszeit von 40 Stunden auf 35 oder 36 Stunden. Setzt man diese Verkürzung um, kann man rechnerisch in etwa auf eine 4,5-Tage-Woche kommen, d.h. jede zweite Woche hat man einen zusätzlichen freien Tag. Oder anders gesagt: Wir hätten die 4-Tage-Woche aus der UK-Studie umgesetzt und gegenfinanziert.

6.3 Die aktuelle Lage im Schichtbetrieb

In den meisten Schichtbetrieben wird mit einer Wochenarbeitszeit von 37,5 bis 40 Stunden gearbeitet. Was das für Mitarbeiter bedeutet, möchte ich anhand von 2 sehr verbreiteten Schichtplänen aufzeigen. Das wird nun etwas ins Detail gehen, ist aber wichtig, um zu verstehen, warum diese Schichtpläne krank machen. Zuerst möchte ich den geläufigsten Plan für eine 3-Schicht vorstellen.

6.3.1 Üblicher 3-Schicht-Plan

	Mo	Di	Mi	Do	Fr	Sa	So
Woche 1	F	F	F	F	F		
Woche 2	S	S	S	S	S		
Woche 3	N	N	N	N	S		

Abb. 6: Schichtplan für einen 3-Schichtbetrieb

Der Plan ist sehr einfach, es findet ein wochenweiser Wechsel von Früh-, Spät- und Nachtschicht statt. Meistens beginnt die Frühschicht um 8 Uhr, gefolgt von der Spätschicht um 14 Uhr und der Nachtschicht mit Beginn um 22 Uhr.

Da ein Tag nach wie vor nur 24 Stunden hat, kann jede Schicht nicht wesentlich länger als 8 Stunden dauern. Würde man hier die gesetzliche Pause von 0,5 Stunden ab 6 Stunden Arbeitszeit abziehen, blieben noch 7,5 Stunden Arbeitszeit übrig. Bei 5 Arbeitstagen pro Woche ergibt sich eine Wochenarbeitszeit von 37,5 Stunden. Sehr oft gibt es in diesem Szenario aber tatsächlich noch eine 40-Stunden-Woche. Das kann durch folgende Varianten ermöglicht werden:

Variante 1: Die Pause wird bezahlt, so dass ein Arbeitstag 8 Stunden hat, womit man auf 40 Stunden käme. Letztendlich wäre das netto eine 37,5 Stunden-Woche.

Variante 2: Im Durchschnitt muss alle 3 Wochen eine Samstagsschicht gearbeitet werden, um auf 40 Stunden zu kommen. D. h. alle 3 Wochen hätte man eine 6-Tage-Woche.

Variante 3: Die Mitarbeiter sind 8,5 Stunden anwesend. Dies bedeutet, dass jeweils während der Schichtwechsel doppelt so viele Personen anwesend sind, wie man benötigt.

Variante 3 führt im ungünstigsten Fall dazu, dass sich die Mitarbeiter eher gegenseitig im Weg stehen. Ich bin immer wieder fassungslos, wenn ich diese – nicht seltene –

Lösung in Unternehmen vorfinde. Das muss man sich auf der Zunge zergehen lassen: Alle Mitarbeiter bleiben jeden Tag 0,5 Stunden länger als notwendig, nur damit die 40 Stunden erreicht werden. Oder anders gesagt: Man könnte den Mitarbeitern eine 37,5-Stunden-Woche ermöglichen und sie jeden Tag 30 Minuten früher nach Hause lassen, ohne Produktivität zu verlieren. Es geht rein um Präsenz und nicht um wertschöpfende Tätigkeit. Selbst wenn eine Übergabezeit von 5 bis 10 Minuten sinnvoll ist, reden wir immer noch über 20 bis 25 Minuten Leerlauf, nur um die etablierten 40 Stunden zu erreichen.

Problem Nachtschicht

Auch aus ergonomischen Kriterien ist dieser Plan alles andere als optimal. Die gängigen arbeitswissenschaftlichen Erkenntnisse zeigen, dass man nicht mehr als 2 bis 3 Nachtschichten am Stück leisten soll, da bei mehr Nachtschichten der Körper den Schlafrhythmus umstellt. Bei jeder Umstellung führt dies zu mindestens 2 bis 3 Tagen, in denen man schlecht schläft. Wer schon mal nach Amerika oder Asien gereist ist, wird dies nachvollziehen können. Jetzt stellen Sie sich vor, dass Sie alle 3 Wochen einen Jetlag haben, das bedeutet, von 21 Tagen haben Sie an bis zu 6 Tagen einen gestörten Schlaf.

Arbeitet man dagegen »nur« 2 bis 3 Nachtschichten am Stück, ist dies zweifelsohne anstrengend, aber der Körper stellt den Schlafrhythmus nicht komplett um. Wenn man nach der letzten Nachtschicht nicht 7 oder 8 Stunden durchschläft und bis zum Abend durchhält, ist man relativ schnell wieder im »normalen« Rhythmus.

Sicherlich empfinden Mitarbeiter diese Umstellung subjektiv sehr unterschiedlich.
- Ältere Mitarbeiter empfinden viele Nachtschichten am Stück in der Tendenz als anstrengend und bevorzugen kurze Schichtfolgen.
- Jüngere Beschäftigte sind eher geneigt, lieber lange Nachtschichtfolgen zu haben und somit seltener in einen Nachtschichtblock zu gehen.

Fazit

Der oben gezeigte Schichtplan ist sehr anstrengend und führt in der Regel zu erhöhten Risiken für Herz-Kreislauferkrankungen und viele andere Formen von Gesundheitsstörungen. Viele mir bekannte Unternehmen, die seit 10 bis 20 Jahren diese Art von Schichtplan haben, haben Krankenquoten von 10 bis 15 %, während der Branchenschnitt im produzierenden Gewerbe um die 6 % liegt, wobei dieser Wert etwas kleiner als der reale Wert sein dürfte, da die offiziellen Statistiken der Krankenkassen Kurzzeiterkrankungen ohne ärztliches Attest nicht umfassen[25].

---

25   Markus Meyer et. Al: Krankheitsbedingte Fehlzeiten in der deutschen Wirtschaft im Jahr 2018, 2019

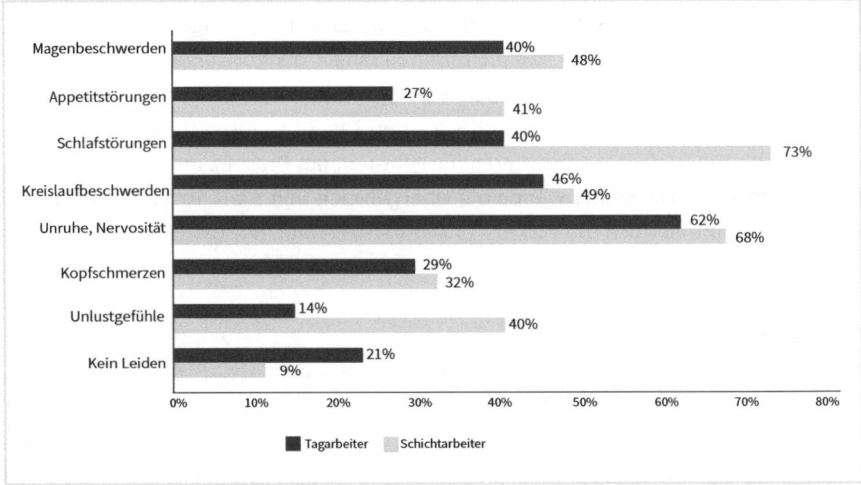

Abb. 7: Vergleich der Häufigkeit von Krankheitssymptomen bei Schicht und Tagarbeitern[26]

Möchte man ohne 5 Nachtschichten am Stück auskommen, dann muss in dem Nacht-schichtblock ein freier Tag eingefügt werden, um von der Nacht in die Frühschicht wechseln zu können, ohne dass dadurch eine Verletzung der gesetzlichen Ruhezeit-verletzung von 11 Stunden erfolgt. Die Folge davon ist allerdings, dass die Wochen-arbeitszeit von 40 Stunden nicht mehr erreicht werden kann sowie ein sehr kurzer und belastender Übergang von der Nacht- in die Frühschicht.

Außerdem bietet dieser Schichtplan keinerlei Flexibilität, weder für den Arbeitgeber noch für die Beschäftigten. Eine Kapazitätserweiterung ist nur möglich, wenn der Samstag als zusätzlicher Arbeitszeit anberaumt wird, was sofort eine Wochenarbeits-zeit von 45 bis 48 Stunden nach sich zieht. Des Weiteren entstehen Leerstunden, denn die Mitarbeiter werden nicht nach Hause gehen, wenn weniger zu tun ist, weil sie be-fürchten müssen, die Arbeitszeit über eine Zusatzschicht am Samstag wieder herein-arbeiten zu müssen. Also bleibt man lieber und fegt die Halle zum dritten Mal. Auch Flexibilität für die Mitarbeiter gibt es nicht, da kaum ein Schichttausch ohne Ruhezeit-verletzung möglich ist. Da es weder für Unternehmen noch für Mitarbeiter Flexibili-tätsspielräume gibt und der Plan belastend ist und zu hohen Krankenständen führt, ist er insgesamt sehr ungünstig.

---

26   Erich Werner et al.: Schichtarbeit als Langzeiteinfluss auf betriebliche, private und soziale Bezüge, 1980

6.3.2   Vollkontiplan mit kurzen Wechseln

Noch schlimmer als beim zuvor dargestellten üblichen 3-Schicht-Plan wird es allerdings, wenn man sich den derzeit am häufigsten eingesetzten vollkontinuierlichen Schichtplan ansieht.

	Mo	Di	Mi	Do	Fr	Sa	So
Woche 1	F	F	S	S	N	N	N
Woche 2			F	F	S	S	S
Woche 3	N	N			F	F	F
Woche 4	S	S	N	N			

Abb. 8: Vollkontiplan mit kurzen Wechseln

In diesem Plan wird jeweils 7 Tage am Stück gearbeitet, wobei innerhalb dieses Zeitraums ein kurzer Wechsel von Früh-, Spät- und Nachtschicht erfolgt. Das ist notwendig, weil monolithische Schichtblöcke im dritten Schichtblock 7 Nachtschichten am Stück bedeuten würden. Dies ist allerdings aus arbeitswissenschaftlicher Sicht sehr ungünstig und Statistiken zeigen, dass neben den negativen gesundheitlichen Aspekten auch die Wahrscheinlichkeit von Arbeitsunfällen erheblich steigt.

Gravierender Nachteil: Ausschlafen statt freier Tag
Der aus den kurzen Nachtschichtblöcke resultierende Nachteil ist, dass nach den ersten beiden 7-tägigen Arbeitsblöcken nach der Nachtschicht jeweils nur 2 »freie« Tage liegen, wobei der erste als sogenannter Ausschlaftag nicht wirklich frei ist, weil man an diesem Tag erst morgens nach Hause kommt.

Wir führen in unseren Arbeitszeitprojekten regelmäßig Interviews mit Mitarbeitern durch, um zu hinterfragen, wie man den Schichtplan empfindet und wie man Berufs- und Privatleben unter einen Hut bekommt. Wenn wir Mitarbeiter interviewen, die seit 10 oder 20 Jahren nach einem derartigen Schichtplan arbeiten, sitzen uns Mitarbeiter gegenüber, die 5 bis 10 Jahre älter aussehen, als sie sind. Nicht selten haben sie bereits einen Herzinfarkt hinter sich, sind geschieden und sozial isoliert.

Sie berichten, wie sie nach der Nachtschicht am Ende des 7-Tageblocks zwischen 7 und 8 Uhr morgens müde nach Hause kommen, wie sie dann ins Bett gehen, sich gegen 14 Uhr wieder aus dem Bett quälen, damit man noch etwas von dem »freien« Tag hat, nur um dann todmüde um 20 Uhr wieder ins Bett zu fallen. Am nächsten Tag hat man dann endlich »richtig« frei, muss aber ebenfalls wieder zeitig schlafen gehen, schließlich hat man am nächsten Tag wieder Frühschicht. Das wiederholt sich zweimal, bis man dann endlich einmal im Monat nach dem Ausschlaftag noch wirklich 2 freie Tage am Wochenende hat. Leider wird man nur nicht mehr von Freunden eingeladen, weil man in der Vergangenheit zu oft absagen musste.

Ich halte derartige Schichtpläne für unmenschlich und Mitarbeiter werden durch Schichtzulagen und steuerfreie Zuschläge dazu getrieben, Lebenszeit zu verkaufen. In Deutschland gibt es traditionell den Reflex, eine Belastung mit Geld zu erkaufen, statt sie durch eine Entlastung auszugleichen. Ich behaupte, dass es diese Schichtpläne heute nicht mehr geben würde, wenn jeder Manager einmal pro Jahr für 6 Wochen nach derartigen Schichtplänen arbeiten müsste.

An dieser Stelle zeigt sich auch, wie weltfremd die von Siegfried Russwurm (Präsident des Bundesverbands der Deutschen Industrie) losgetretene Debatte bzgl. der 42-Stunden-Woche ist, um dem Fachkräftemangel entgegenzuwirken. Die 2 Stunden mehr pro Woche würden über kurz oder lang durch eine höhere Krankenquote aufgefressen werden. Mehr ist eben nicht immer wirklich mehr.

Faktor Mensch

Darüber hinaus zeigen diese Schichtpläne, dass der Faktor Mensch in der Industrie nur selten berücksichtigt wird. Dies kann man aber auch noch an anderen Aspekten sehen. So gut wie jede Managementtheorie bzw. jedes Produktionskonzept ist seit jeher rein technik- bzw. prozessgetrieben. Der Mensch spielt dabei keine Rolle und hat sich anzupassen. Angefangen hat dies mit dem Taylorismus, der die Trennung von Gehirn und Hand bewirkt und zu eintöniger Arbeit an Fließbändern geführt hat.

Aber auch aktuell favorisierte Konzepte wie Lean-Management und Just-In-Time gleichen sich in diesem Punkt: Sie fokussieren einseitig auf technische Aspekte und auf einen optimalen Materialfluss bzw. Materialbestand.

- Bei Lean-Management geht es im Kern darum, die Lagerbestände im Unternehmen zu minimieren, um das in den Halb- und Fertigprodukten gebundene Kapital möglichst geringzuhalten.
- Just-In-Time-Konzepte unterstützen diesen Gedanken, da sehr oft das Lager auf die »Straße« verlagert wird, d. h. die Bestände liegen auf LKWs und werden direkt ans Band geliefert.

Diese Ansätze sind sicherlich geeignet, Kapitalkosten zu senken, sind aber auch sehr risikobehaftet. Gerade in Zeiten von Lieferengpässen sind diese Konzepte sehr stark an ihre Grenzen gestoßen.

6.3.3   Beispiele: Wie Sie Flexibilität, Menschlichkeit und Ökonomie vereinen

Ich würde aber in der Kritik dieser Konzepte noch einen Schritt weiter gehen. Aus meiner Sicht sind diese Konzepte der natürliche Feind von Flexibilität und Menschlichkeit. Zum Beweis möchte ich ein paar Beispiele aus meiner Beratungspraxis anführen.

Beispiel 1: Fertigungsinseln. In der Automobilbranche werden in der Regel für neue Modelle komplett neue Werkshallen bzw. Fertigungsstraßen implementiert. Der einzige Maßstab für deren Design ist der optimale Materialfluss und die größte mögliche (Kosten)-Effizienz. Sind die Anlagen gebaut, muss sich der Mensch an die Technik anpassen.

In einer kontinuierlichen Fertigung ist es fast unmöglich, dass Mitarbeiter in der Frühschicht z. B. 1 bis 2 Stunden später kommen, da es kein wirtschaftliches Konzept gibt, wie man diese kurze Fehlzeit vertreten lassen kann. Man wird wohl niemanden nur für 1 bis 2 Stunden Arbeit einbestellen und bei einer Mindestanwesenheit von 4 Stunden würden entsprechende Leerzeiten anfallen.

Oft würde es schon reichen, wenn man einzelne Fertigungsschritte aus dem Takt herausnimmt und in Fertigungsinseln überführt. Dort könnte es die Vorgabe geben, dass eine bestimmte Anzahl von Teilen innerhalb eines Tages gefertigt werden muss, damit diese wieder in den Takt eingeschleust werden können. Auf diese Weise würde es möglich, die Arbeitszeit an den Fertigungsinseln flexibel zu gestaltet. Späteres Kommen, früheres Gehen, Teilzeit: alles ist möglich, also beste Voraussetzungen für Eltern.

Unserer Erfahrung nach gibt es manchmal tatsächlich derartige Inseln bzw. Arbeitsplätze, allerdings nicht, weil man den Mitarbeitern entgegenkommen möchte, sondern, weil es technisch sinnvoll war. Was komplett fehlt, ist beim Aufbau einer Fertigungslinie die systematische Suche nach derartigen Arbeitsplätzen, um mehr Flexibilität und Work-Life-Balance zu ermöglichen.

Beispiel 2: Fertigwarenpuffer. Eine hochautomatisierte Anlage bei einem Kunden ermöglicht es, die Teilebestückung für einen ganzen Tag vollautomatisch aus einem Hochregallager an der Fertigungslinie zu realisieren. Sämtliche Fertigungsschritte waren zudem automatisiert. Der Puffer für die Fertigteile am Ende der Maschine war auf knappe 15 Minuten Fertigungszeit ausgerichtet. Da die Maschine 7/24 betrieben wurde, hatte das zur Folge, dass Mitarbeiter in 3-Schicht rund um die Uhr arbeiten müssen.

Auf unsere Frage, warum man den Fertigwarenpuffer nicht auf 8 Stunden, also eine Schichtlänge, ausgelegt hat, gab es dafür rein technische Gründe, die allerdings nicht unlösbar waren. Als wir anmerkten, dass die Mitarbeiter an der Anlage nur zweischichtig arbeiten müssten, wenn die Anlagen eine komplette Schicht bedienerlos arbeiten könnte und dass in einem 2-Schichtsystem mehr Flexibilität und weniger Belastung für die Mitarbeiter möglich ist, war man überrascht. Man hatte sich darüber überhaupt keine Gedanken macht, weil die aktuelle Lösung die notwendige Effizienz geliefert hatte. Was das für Mitarbeiter bedeutet, war zweitrangig.

Aber die Änderung zum 2-Schichtsystem wäre nicht nur für die Mitarbeiter von Vorteil. Denn der bisherige Schichtbetrieb war auch aus wirtschaftlicher Sicht suboptimal, da dadurch zusätzliche Kosten für Nachtschicht, Krankheit, Schichtzulagen und Recruiting entstehen, da Mitarbeiter für Schichtarbeit schwieriger zu finden sind.

Beispiel 3: Platzbedarf. In einem anderen Beispiel hat ein Unternehmen eine neue Produktionshalle gebaut. Jeder Bereich konnte den benötigten Platzbedarf für die Arbeitsplätze angeben, auch die Montage. Der Platzbedarf wurde insgesamt als zu hoch eingestuft, weil man eine Halle benötigt hätte, die 9 Meter breiter gewesen wäre als die Standardhalle, die man tatsächlich bauen wollte. Der Platz für eine breitere Halle wäre allerdings auf dem Gelände vorhanden gewesen, es ging ausschließlich um die Höhe der Baukosten.

Aufgrund des geringeren Platzangebotes konnten in der Montage daher weniger Arbeitsplätze zur Verfügung gestellt werden, woraus die Notwendigkeit resultierte, dass in diesem Bereich zukünftig zweischichtig gearbeitet werden muss. In den 30 Jahren vorher hatte man flexibel in einer Schicht arbeiten können.

Ich bin mir ziemlich sicher, dass bei der Kostenbewertung die Opportunitätskosten aus ansteigender Fluktuation und höherer Krankheitsquote nicht eingerechnet wurden. Auch bei dieser Planung hat der Faktor Mensch keine Rolle gespielt.

Fazit

Halten wir also fest: Die Bedingungen für Mitarbeiter in teil- und vollkontinuierlichen Schichtsystemen sind sehr belastend und führen in der Regel zu hohen Krankheitsquoten. Darüber hinaus gibt es nur wenig Spielraum für Flexibilität, um Berufs- und Privatleben miteinander vereinbaren zu können. Die Ursache hierfür sind Schichtpläne mit einer Wochenstundenzahl von 38 und mehr Stunden. Nach all den Verbesserungen für die administrativen Bereiche müssen nun die operativen Bereiche entlastet werden.

Eine 4-Tage-Woche wäre dafür natürlich eine Möglichkeit, wie aber bereits ausgeführt, gibt es nicht in jedem Unternehmen die entsprechenden Voraussetzungen dafür. Im Gegensatz dazu ist aber eine Maßnahme überall möglich: Arbeitszeitflexibilisierung! Wie das geht, das möchte ich in den folgenden Kapiteln aufzeigen.

6.4 Arbeitszeitverkürzung als Basis für Arbeitszeitflexibilisierung

Flexibilität, was ist das überhaupt? Man sollte sich bei diesem Thema immer bewusst machen, dass die von Arbeitnehmern gewünschte Flexibilität sich deutlich von der Flexibilität unterscheidet, von der Arbeitgeber reden.

Flexibilität der Unternehmen: Unternehmen brauchen Flexibilität, um auf sich immer volatilere Kundenanforderungen einzustellen.

Flexibilität der Arbeitnehmer: Arbeitnehmer brauchen Flexibilität, um Berufs- und Privatleben besser unter einen Hut zu bekommen.

Obwohl sich beide Flexibilitätsanforderungen auf den ersten Blick zu widersprechen scheinen, kann man Arbeitszeit so gestalten, dass beide Interessen bedient werden, allerdings müssen beide Seiten auch bereit sein, Kompromisse einzugehen.

Wie flexibel man ist, hat viel mit der Wochenarbeitszeit zu tun und dann auch damit, ob man kontinuierlich oder nur 1- bis 2-schichtig arbeitet.

Bei einer Gleitzeit kann man selbst bei 40 Stunden relativ flexibel sein. Pro Tag kann man bis zu 10 Stunden arbeiten, also ein Zeitkonto aufbauen und entsprechend an anderen Tagen wieder abbauen. Grundsätzlich geht das auch im Handwerk oder in einschichtigen Produktionen. Selbst im 2-Schichtbetrieb, kann die Schichtlänge flexibel gestaltet werden. Ab einem 3-Schichtbetrieb geht das aus bereits erläuterten Gründen nicht mehr. Zusätzliche Arbeit ist dann nur über eine Schicht an einem zusätzlichen Arbeitstag möglich, dann ist man allerdings bei 6 Arbeitstagen und 45 bis 48 Arbeitsstunden pro Woche und damit am oberen Ende dessen, was laut Arbeitszeitgesetz im mittelfristigen Durchschnitt möglich ist. Benötigt man aufgrund einer guten Auftragslage eine höhere Kapazität, sind mehrere Wochen am Stück mit 48 Stunden zudem auch noch sehr belastend.

Aber selbst bei einer Gleitzeit ist der Flexibilität bei einer 40-Stunden-Woche nach oben Grenzen gesetzt.
- Schwankt die Wochenarbeitszeit zwischen 32 und 48 Stunden, entspricht dies einer Flexibilitätsbandbreite von 20 % nach oben und unten.
- Schwankt man auf Basis einer Wochenarbeitszeit von 35 Stunden zwischen 25 und 45 Stunden, erhält man jeweils eine Flexibilität von 28 %, ohne sofort an Grenzen des Arbeitszeitgesetzes zu stoßen.

Abgesehen davon hält sich die Belastung für die Beschäftigten dann auch noch im Rahmen.

6.4.1 Lücken sind Voraussetzung für Flexibilität

Um flexibel zu sein, benötigt man einen entsprechenden Spielraum. Genau der ist aber vor allem bei hohen Wochenarbeitszeiten im Schichtbetrieb kaum gegeben. Schichtpläne auf Basis von 40 Stunden Wochenarbeitszeit benötigen im Schnitt 5 Arbeitstage á 8 Stunden. Jenseits der 2 Tage Erholungszeit gibt es keine Lücken in Form von freien Tagen. Diese Lücken sind aber die Voraussetzung für Flexibilität.

Hat man zusätzlich freie Tage im Plan, können aus Unternehmenssicht Zusatzarbeitstage anberaumt werden, wenn viel zu tun ist, und an anderer Stelle wieder freigegeben werden. Aus Mitarbeitersicht bedeuten freie Tage die Möglichkeit für einen Schichttausch. Man springt für Kollegen ein, wenn diese frei haben möchten, und erhält dafür an einem anderen Tag frei.

Eine 35-Stunden-Woche kann bedeuten, dass man mindestens alle 2 Wochen 1 freien Tag hat, den man entweder tauschen oder einsetzen kann, wenn viel zu tun ist. Und dieser Freiraum erhöht die Wahrscheinlichkeit, dass Mitarbeiter nicht arbeiten, wenn nichts zu tun ist. Denn man hat die Chance, diese Minderarbeit wieder an einem freien Tag hereinzuholen, ohne dass das Wochenende ausfällt.

Im Umkehrschluss fallen bei 40 Stunden Wochenarbeitszeit sehr oft Leerzeiten an, da Mitarbeiter anwesend sind, auch wenn nichts zu tun ist, da man befürchtet, die Minderzeit am Wochenende wieder reinarbeiten zu müssen.

Leerzeiten sind in einer Organisation in der Regel die größten Produktivitätskiller.

6.4.2 Beispiele: Warum 35 Stunden mehr Flexibilität und Stabilität bedeuten

Auch aus anderer Sicht bedeuten 35 Stunden mehr Flexibilität und Stabilität.

Beispiel 1: Kündigung bei 40- und bei 35-Stunden-Woche. Nehmen wir an, in einer hochqualifizierten Abteilung arbeiten 9 Mitarbeiter á 40 Stunden. Nehmen wir weiterhin an, für die Einarbeitung eines neuen Mitarbeiters benötigt man 4 Monate. Im Falle einer Kündigung könnte es also passieren, dass die verbleibenden 8 Mitarbeiter den Ausfall für 4 Monate kompensieren müssen, indem sie statt 40 nun 45 Stunden arbeiten, um die sonst fehlenden Arbeitsstunden aufzufangen. Im Worst Case führt diese Belastung zur nächsten Kündigung und das Spiel beginnt von vorne. Ich kenne einige Unternehmen, die sich bereits genau in diesem Teufelskreis befinden.

Sehen wir uns das gleiche Szenario bei einer 35-Stunden-Woche an. In diesem Fall hat man nicht 9, sondern 10 Beschäftigte, um die gleiche Kapazität darzustellen. Kündigt nun 1 Mitarbeiter, müssten die verbliebenen 9 Mitarbeiter statt 35 knapp 39 Stunden pro Woche als Kompensation arbeiten. Eine Überforderung sollte dies auch über 4 Monate nicht darstellen und die Gefahr einer nächsten Kündigung ist deutlich geringer.

Beispiel 2: Sabbatical. Ähnliches wie im vorherigen Beispiel gilt, wenn man z. B. Sabbaticals ermöglichen möchte. Im Falle der 35-Stunden-Woche kann dann die Auszeit eines Kollegen für ein paar Monate kompensiert werden und durch die entstehende Mehrarbeit bei den anwesenden Mitarbeitern kann wiederum bei diesen das Lebensarbeitszeitkonto aufgebaut werden, um dann später ebenfalls eine Auszeit nehmen zu können.

Fazit

All diese Effekte sind möglich, wenn man die Wochenarbeitszeit moderat senkt und Mechanismen für Flexibilität schafft. Muss die Arbeitszeit fix an 4 Tagen pro Woche erbracht werden, sind viele dieser Effekte nicht möglich, dann hat man statt einer starren 5-Tage-Woche eine starre 4-Tage-Woche.

Und dennoch trauen sich die wenigsten Unternehmen, eine Arbeitszeitverkürzung umzusetzen, weil man Angst vor Produktivitätsverlusten hat. Denn wenn man bei gleichem Lohn 40 Stunden erhalten kann, warum sollte man sich dann mit weniger zufrieden geben? Diese Überlegung ist so lange korrekt, solange man die 40 Stunden auch immer auslastet und keine anderen nachteiligen Effekte dadurch entstehen.

In einer volatilen Welt mit starken Auftragsschwankungen, Lieferkettenproblemen, von Kunden gewünschten kürzeren Reaktionszeiten und längeren Öffnungs- bzw. Betriebszeiten ist es in allen Branchen zunehmend schwierig, die 40 Stunden kontinuierlich in jeder Woche auszulasten, erst recht, wenn es starre Schichtpläne gibt.

Im Handel gibt es bereits seit Jahren zunehmend Teilzeitarbeit, weil es unrealistisch ist, dass alle Mitarbeiter über 8 Stunden ausgelastet werden, wenn die Kundenzahl innerhalb eines Tages stark schwankt. Aus diesem Grund liegt es gerade bei unflexiblen Systemen auf der Hand, dass Leerstunden entstehen.

Die Studien zur 4-Tage-Woche haben, bei allen deutlich gemachten Einschränkungen, sehr wohl gezeigt, dass es einen Zusammenhang zwischen Arbeitsbelastung und Mitarbeiterzufriedenheit und auch einer Krankenquote gibt. Wenn also eine Arbeitszeitverkürzung sowohl Leerzeiten einspart als auch die Krankenquote entsprechend senkt, kann man davon ausgehen, dass bis zu einem gewissen Grad die Arbeitszeitverkürzung kompensiert werden kann, ohne Produktivität zu verlieren. Dies wird allerdings nur passieren, wenn die Wochenarbeitszeit entsprechend hoch, die Arbeitszeit aktuell wenig flexibel und die Ausgangskrankenquote ebenfalls entsprechend hoch ist.

Hat man bereits eine 35-Stunden-Woche, eine niedrige Krankenquote und flexible Arbeitszeiten, werden die entsprechenden Effekte so nicht eintreten. Aber auch wenn eine gewünschte Arbeitszeitreduktion nicht komplett »gegenfinanziert« werden kann, gibt es weitere Möglichkeiten.

Möchte man die Arbeitszeit beispielsweise von 40 auf 36 senken, aber Analysen ergeben, dass davon nur 2 Stunden durch entsprechende Produktivitätsgewinne kompensiert werden können, gibt es unterschiedlichste Möglichkeiten auch Mitarbeiter daran zu beteiligen.

- Reduziert man anteilig für eine Stunde Wochenarbeitszeit den Lohn, wäre dies brutto eine Gehaltsreduktion um 2,5%, netto, je nach individuellem Steuersatz, noch deutlich weniger.
- Eine weitere Stunde könnte man z.B. mit einer zukünftigen Gehaltserhöhung verrechnen oder die Marge des Unternehmens gibt es her, auch dann den Lohnausgleich zu zahlen, wenn dieser nicht komplett durch Produktivitätseffekte gegenfinanziert wird.

Auch hier zeigt sich, dass es viele Möglichkeiten gibt, eine Arbeitszeitreduktion zu finanzieren, wichtig ist nur, dass diese Freiheiten auch erhalten bleiben und den Unternehmen nicht bestimmte Modelle in bestimmten Ausprägungen per Gesetz oder Tarifvertrag aufgezwungen werden. Warum Flexibilität generell besser ist als One-Size-Fits-All-Ansätze wird im nächsten Kapitel aufgezeigt.

6.5 Flexibilität schlägt One-Size-Fits-All

In den Kapiteln 3 und 4 habe ich die vielen Vorteile aufgezählt, die die Einführung einer 4-Tage-Woche bringen kann. Danach habe ich aufgeführt, warum eine Umsetzung in Mehrschichtbetrieben eher schwierig sein kann. Eine Flexibilisierung der Arbeitszeit wiederum ist deutlich vielfältiger und überall möglich und das Schöne daran ist, dass sie eher ein Überbegriff ist.

Maximum an Inflexibilität
Eine 4-Tage-Woche in ihren vielfältigen Ausprägungen kann als Wahlmodell Teil einer Flexibilisierung sein, ist aber für sich gesehen eher unflexibel. Am besten kann man dies mit der Variante erklären, in der 40 Stunden auf 4 Tage verteilt werden. Diese Variante bietet das Maximum an Inflexibilität, das man sich vorstellen kann, und dies sowohl auf täglicher als auch wöchentlicher Basis. Wenn man jeden Tag die maximal vom Gesetz erlaubte tägliche Arbeitszeit leisten muss, ist ein mehr nicht mehr möglich. Eine Gleitzeit funktioniert nicht, da man ein evtl. früheres Gehen nicht mit einem längeren Bleiben an einem anderen Tag kompensieren kann. Unabhängig vom

Arbeitsanfall muss man jeden Tag 10 Stunden arbeiten. Weil das schon bei 8 Stunden schwierig ist, hat man aus gutem Grund eine Gleitzeit erfunden.

Dieses Modell ist eher ein Schritt zurück nicht nur in »nine to five«-Zeiten sondern sogar zu »eight to six«-Zeiten. Muss insgesamt mehr gearbeitet werden, bleibt dann nur noch der 5. Tag. Eine 4-Tage-Woche kann das dann nur noch ergeben, wenn an anderer Stelle wieder ein ganzer Tag freigenommen wird.

Das ist vermutlich auch der Grund, warum in der UK-Studie die Anzahl der Arbeitstage im Durchschnitt nur auf ca. 4,5 Tage reduziert wurden. Denn die Unternehmen haben sich in vielen Fällen vorbehalten, dass bei betrieblich hohem Bedarf ein zusätzlicher 5. Tag gearbeitet werden muss. Das war offensichtlich so oft notwendig, dass im Ergebnis die 4,52 Arbeitstage herausgekommen sind.

Deshalb ist handelt es sich dabei meines Erachtens auch nicht um eine 4-Tage-Woche, sondern um flexibilisierte Arbeitszeit.

Auch in Bezug auf andere Punkte ist eine pauschale 4-Tage-Woche eher unflexibel.

Lebensphasen
Alle Beschäftigten durchlaufen mehrere Lebensphasen, in denen das Bedürfnis nach Freizeit, Flexibilität und Geld sehr unterschiedlich sein kann. Hat man ein Haus gekauft, liegt der Fokus in der Regel eher auf dem Einkommen, denn auf viel Freizeit, ist man noch jung und ungebunden, liegt der Fokus möglicherweise eher auf der Freizeitgestaltung. Andere lieben ihre Arbeit und empfinden vielleicht selbst eine 6-Tage-Woche als erfüllend und als nicht zu belastend und wieder andere sehen es als weniger anstrengend an, lieber an 5 Tagen zu arbeiten, dafür aber nur 5 oder 6 Stunden pro Tag. Will man wirklich allen diesen Leuten vorschreiben, dass sie jetzt »nur« noch 4 Tage arbeiten sollen?

Deshalb kann die 4-Tage-Woche nur ein Modell von vielen sein, zwischen dem sowohl Arbeitgeber als auch Beschäftigte wählen dürfen, und ebenso muss der Spielraum für Ausgestaltung von Flexibilität maximal groß sein. Eine tarifvertraglich oder gesetzlich verordnete 4-Tage-Woche wäre genau das Gegenteil. Wie Arbeitszeitflexibilisierung umgesetzt werden kann, zeige ich im nächsten Kapitel auf.

7 So flexibilisieren Sie Arbeitszeiten richtig

Wie bei der 4-Tage-Woche wird auch das Thema Arbeitszeitflexibilisierung im allgemeinen Diskurs oft nur sehr oberflächlich behandelt. Dabei gibt es auch hier sowohl die Arbeitgeber- als auch die Arbeitnehmervariante. Der wesentliche Unterschied ist jeweils, wer über die Flexibilität bestimmen darf.

Was ist Flexibilität – aus Sicht der Arbeitgeber und der Arbeitnehmer?

Sprechen **Arbeitgeber** von Flexibilität, wünschen sie in der Regel, die Arbeitszeiten der Beschäftigten, abgeleitet aus einem betrieblichen Bedarf, anweisen zu können und dies idealerweise möglichst kurzfristig.

Arbeitnehmer verstehen unter Flexibilität, dass sie je nach privaten Erfordernissen ihre Arbeitszeit gestalten können und dies idealerweise auch sehr kurzfristig.

Anderseits wünschen Arbeitnehmer vom Arbeitgeber eine möglichst verlässliche und langfristige Planung der Arbeitszeit.

Dabei sind beide Auffassungen voneinander abhängig

Oft ist nur den wenigsten klar, dass die eine Auffassung von der anderen abhängig ist. Möchte beispielsweise ein Mitarbeiter kurzfristig Urlaub nehmen, benötigt der Arbeitgeber ebenso kurzfristig einen Ersatz, was wiederum bedeutet, dass er den Arbeitsplan eines anderen Mitarbeiters kurzfristig anpassen muss. Im Endeffekt geht es darum, die Flexibilitätsanforderungen beider Seiten miteinander in Einklang zu bringen.

Gegenläufige Interessen von Arbeitgeber und Arbeitnehmer

Der Arbeitgeber hat ein berechtigtes Interesse, dass Arbeitnehmer dann arbeiten, wenn es einen betrieblichen Bedarf gibt, und nicht arbeiten, wenn dieser nicht vorliegt, das generiert sonst teure Leerzeiten.

Arbeitnehmer wiederum haben ein berechtigtes Interesse, einerseits für sich Planungssicherheit zu erhalten und durch Einfluss auf die eigene Arbeitszeit auf private Ereignisse reagieren zu können.

7.1 Parameter der Arbeitszeitflexibilisierung

Wie flexibel Arbeitszeiten sind und wie flexible Arbeitszeiten gestaltet werden können, hängt von verschiedenen Parametern ab.

7.1.1 Gestaltungsparameter 1: Dauer und Lage der Arbeitszeit

Als Gestaltungsparameter liegen Dauer und Lage der Arbeitszeit auf der Hand.

Nine to Five
»Nine to Five« ist der Begriff für starre Arbeitszeiten, Beginn, Ende und somit auch die Dauer der Arbeitszeit sind klar vorgegeben.

Gleitzeit
In der klassischen Gleitzeit werden diese Vorgaben aufgehoben. Mitarbeiter können innerhalb eines vorgegebenen Zeitrahmens die Arbeitszeit variabel gestaltet werden. So gibt es beispielsweise die Möglichkeit zwischen 7 und 19 Uhr zwischen 4 und 10 Stunden zu arbeiten und zudem jeden Tag variabel zu gestalten. Selbstverständlich immer unter der Bedingung, dass man die Arbeit erledigt, das Arbeitszeitgesetz einhält und sich die Zeitkonten in einem bestimmten Rahmen bewegen.

Bei der Gleitzeit kommt noch ein weiterer Aspekt von Flexibilität hinzu, nämlich der Einfluss der Mitarbeiter auf die eigene Arbeitszeit: Die Mitarbeiter können Beginn und Ende der Arbeitszeit selbst bestimmen.

Basis für diese Art der Flexibilität ist der bereits zuvor im Buch erläuterte variable Bedarf (siehe Kapitel 2.1). Liegen fixe, also zeitpunktbezogene Bedarfe vor, so haben die Mitarbeiter keine Möglichkeit, die Arbeitszeit im Rahmen einer Gleitzeit selbst zu bestimmen, es gibt es diese Art der Einflussnahme nicht.

7.1.2 Gestaltungsparameter 2: Wünsche und Verfügbarkeit der Mitarbeiter berücksichtigen

Stattdessen kann aber eine andere Art der Flexibilität geboten werden: Beim Erstellen eines Schicht- oder Dienstplans können Wünsche bzw. vom Mitarbeiter genannte Verfügbarkeiten berücksichtigt werden. Ist der Plan allerdings veröffentlicht, gibt es keinen weiteren Einfluss auf Beginn, Ende und Dauer, es sei denn, man kann noch eine Schicht tauschen.

7.1.3 Gestaltungsparameter 3: Ankündigungsfrist für einen Schicht- oder Dienstplan

Eine weitere Stellschraube bzgl. Flexibilität bietet die Ankündigungsfrist: Zu welchem Zeitpunkt wird der Schicht- oder Dienstplan veröffentlicht und ist damit verbindlich.

Je kurzfristiger die Ankündigungsfrist ist, desto mehr Flexibilität haben Unternehmen, auf kurzfristige Ereignisse wie Bedarfsschwankungen oder den Ausfall von Mitarbeitern zu reagieren. Für die Beschäftigten bedeutet die kurzfristige Ankündigung allerdings sehr wenig Planungssicherheit, wenn man erst sehr spät erfährt, wann und wie man arbeiten muss.

In diesem Zusammenhang zeigt sich zudem, dass eine gute Personalbedarfsermittlung mit Prognosen von Geschäftsverläufen immer wichtiger wird. Denn je besser und langfristiger ein Bedarf prognostiziert werden kann, desto seltener muss umgeplant werden und umso länger kann man Planungssicherheit für die Mitarbeiter herstellen. Natürlich gibt es keine 100-%ige Prognosesicherheit, aber wenn es nur gelingt, die Bedarfe zu 80 % oder 90 % zu prognostizieren, dann hat man 80 % bis 90 % Planungssicherheit und muss nur für 10 % Unsicherheit aus Arbeitgebersicht flexible Modelle schaffen.

7.1.4   Gestaltungsparameter 4: Langfristige Flexibilität

Die genannten Parameter sind wichtig für eine kurz- bzw. mittelfristige Flexibilität. Für Mitarbeiter kann man langfristig Flexibilität schaffen, indem man mehrere Modelle mit unterschiedlicher Intensität und Flexibilität anbietet, zwischen denen je nach Lebensphase gewählt werden kann. Hat man ein Haus gebaut, könnte man ein Arbeitszeitmodell wählen, das Mehrarbeit und Flexibilität vorsieht, die jeweils entsprechend honoriert wird, während man sich mit Nachwuchs geregeltere Arbeitszeiten wünscht.

Aktuell ist die Ursache für viele Kündigungen der Eintritt in einen neuen Lebensabschnitt, dem das bestehende Arbeitszeitmodell nicht gerecht wird. Gibt es keine adäquate Möglichkeit beim aktuellen Arbeitgeber, sucht man sich eben einen anderen Arbeitgeber, der im Hinblick auf Volumen und Flexibilität ein passendes Modell anbietet.

7.2   Vorgehen bei der Arbeitszeitflexibilisierung

Die Umsetzung neuer Arbeitszeitmodelle gehört zur Champions League von Veränderungsprojekten. Zum einen gibt es eine Vielzahl von Stakeholdern wie Management, Führungskräfte, Betriebsräte und Mitarbeiter und zum anderen haben alle diese Stakeholder noch eine zutiefst subjektive Sicht auf das Thema, zumal die Gestaltung der Arbeitszeit jeden einzelnen Mitarbeiter unmittelbar betrifft und Auswirkung auf sein Privatleben hat. Darüber hinaus gibt es noch politische Komponenten zwischen Arbeitgeber- und Arbeitnehmervertretern und die Tatsache, dass jede Veränderung der Arbeitszeit mitbestimmungspflichtig ist. Und last but not least gibt es unterschiedliche Sichtweisen der verschiedenen Generationen auf das Thema Arbeitszeitflexibilität.

Wir haben in unseren Projekten die Erfahrung gemacht, dass das verhassteste Arbeitszeitmodell zum heiligen Gral wird, wenn es geändert werden soll.

Die Gründe dafür liegen auf der Hand. Diejenigen, die sich überhaupt nicht mit dem Modell arrangieren können, haben das Unternehmen längst verlassen. Alle anderen haben ihr Privatleben um das Arbeitszeitmodell herum organisiert. Egal ob Vereinsleben oder die Kinderbetreuung, alles ist auf das Arbeitszeitmodell abgestimmt und nicht selten haben sich die Eltern von Kindern untereinander so abgestimmt, dass immer jemand zu Hause ist, um den Nachwuchs zu betreuen. Wird nun etwas verändert, muss das ganze Privatleben ebenfalls umorganisiert werden. Das führt dazu, dass selbst offensichtlich bessere Modelle erst einmal abgelehnt werden.

Daher ist es keine gute Idee, neue Arbeitszeitmodelle zu verordnen, selbst wenn sie besser erscheinen als die existierenden, zumal die Entscheidung darüber, was besser oder schlechter ist, wiederum sehr subjektiv geprägt ist.

Gleiches gilt für die 4-Tage-Woche. Als eine zu wählende Option kann sie sehr gut sein, als Diktat für alle Beschäftigen kann sie zu großer Unzufriedenheit führen. Deshalb muss bei der Einführung neuer Arbeitszeitmodelle sehr umsichtig vorgegangen werden. Wie man das macht, möchte ich in den folgenden Schritten erklären.

7.2.1 Schritt 1: Analyse der Wünsche, Bedürfnisse und des Bedarfs

Basis für die Konzeption neuer Arbeitszeitmodelle ist eine umfassende Analyse. Neben Workshops mit allen beteiligten Stakeholdern, um deren Wünsche und Bedürfnisse zu erfahren, ist der wichtigste Punkt die Bedarfsanalyse. Nur wenn man den Personalbedarf in Quantität und Qualität sowie in seinem zeitlichen Verlauf kennt, kann man ein zum Bedarf passendes Arbeitszeitmodell gestalten. Arbeitszeitmodelle, die nicht zum Bedarf passen, führen früher oder später immer zu Unzufriedenheit, sowohl für Mitarbeiter als auch für den Arbeitgeber.

Kapazitätsanalyse: Daher ist einer der zentralen Aspekte der Bedarfsanalyse die korrekte Ermittlung der benötigten Kapazität[27]. Das ist deshalb so wichtig, da kein Arbeitszeitmodell der Welt auf Dauer eine falsche bemessene Kapazität heilen kann.

---

27 Wie eine korrekte Kapazität ermittelt werden kann, ist in dem Buch »NEW WORKforce Management –
    Arbeitszeit und Personaleinsatzplanung human, wirtschaftlich und kundenorientiert gestalten« im Detail
    nachzulesen

Hat man beispielsweise zu wenige Mitarbeiter, ist es völlig egal, nach welchem Arbeitszeitmodell sie arbeiten.

Mit der Einführung einer *Vertrauensarbeitszeit* könnte dieser Fehlanalyse der Kapazität eine Zeitlang verschleiert werden, aber dann handelt es sich im Kern auch nicht um eine Vertrauensarbeitszeit, sondern um ein »Mehrarbeitauszahlungsvermeidungssystem«.

Ein *Zeitkonto* verlagert das Problem nur, da es nur eine Frage der Zeit ist, bis sich auf den Zeitkonten größere Stundenkontingente befinden und Auszahlungen unvermeidbar werden, weil die Zeitguthaben aufgrund der knappen Kapazität ohnehin nicht abgebaut werden können. Abgesehen davon werden die Mitarbeiter hoch belastet, was sowohl die Fluktuations- als auch die Krankenquote in die Höhe treiben wird.

Am besten ist es, wenn man die Kapazität per Datenanalysen objektiv ermittelt. In unseren Beratungsprojekten ist dies mittlerweile Standard, weil wir die endlosen Diskussionen zwischen Arbeitgeber- und Arbeitnehmervertretern Leid waren, in denen man sich auf Basis subjektiver Eindrücke über mehrere Monate gegenseitig versichert hat, dass man – je nach Standpunkt – zu viel oder zu wenig Personal hat.

Flexibilitätsbedarfsanalyse: Zur Bedarfsanalyse gehört aber nicht nur die Höhe der Kapazität, sondern auch der benötigte Flexibilitätsbedarf.

Ein Arbeitszeitmodell wird unterschiedlich aussehen, je nachdem, ob der Personalbedarf je Qualifikation bzw. Tätigkeit relativ konstant ist oder von Woche zu Woche oder Tag zu Tag oder sogar innerhalb eines Tages stark schwankt.

Ein weiterer Faktor ist, inwieweit ein Bedarf gesichert für welchen Zeitraum vorhergesagt werden kann. Schwankt der Bedarf z. B. sehr stark und er kann nicht länger als über 1 bis 2 Wochen verlässlich prognostiziert werden, macht es keinen Sinn, Arbeitszeitpläne langfristig festzuschreiben.

Erfahrungsgemäß bedeutet das, dass Arbeitszeiten, wenn der Flexibilitätsbedarf zu gering eingeschätzt wurde und die Arbeitspläne zu langfristig festgeschrieben sind, sehr häufig umgeplant werden müssen. Das ist für Mitarbeiter schlimmer, als in einem Modell zu arbeiten, das genau für derartige Szenarien entwickelt wurde.

Kann ein schwankender Bedarf dagegen qualitativ gut und lange im Voraus prognostiziert werden, kann man selbst in einem volatilen Umfeld Planungssicherheit für die Mitarbeiter schaffen. Daher kann man erst passende Arbeitszeitmodelle entwickeln, wenn man den Kapazitäts- und den Flexibilitätsbedarf sowie dessen Prognosefähigkeit kennt. Kennt man neben den betrieblichen Bedarfen noch die Bedürfnisse der Mitarbeiter, steht einer erfolgreichen Konzeption von Arbeitszeitmodellen nichts im Wege.

7.2.2 Schritt 2: Konzeption, Zielmodell und Umsetzung in mehreren Phasen

Meine Erfahrung zeigt: Je größer eine Veränderung ist, desto mehr Abstriche muss man letztlich bei der Umsetzung machen. Denn entweder wird die Veränderungsbereitschaft der verschiedenen Stakeholder überstrapaziert, oder es müssen erst Voraussetzungen für die Umsetzung bestimmter Modelle geschaffen werden.

Beispielsweise müssen für die Umsetzung flexibler Arbeitszeiten die Beschäftigten über Mehrfachqualifikation verfügen. Liegen die Qualifikationen jedoch noch nicht vor, müssen vor Umsetzung des Arbeitszeitmodells die Mitarbeiter qualifiziert werden. Das kann bis zu mehreren Monaten dauern.

Andere Modelle benötigen eine entsprechende IT-Unterstützung, die durch Deutschlands beliebtestes Programm für die Personaleinsatzplanung, »Excel«, nicht mehr gewährleistet ist. Daher kann es sein, dass die Umsetzung in mehreren Phasen erfolgt.

Zielmodell
Voraussetzung für die Umsetzung in mehreren Phasen ist allerdings, dass man zu Beginn ein komplettes Zielmodell mit allen gewünschten Komponenten definiert und anschließend überlegt, wie es sukzessiv umgesetzt werden können. Dabei ist wichtig, dass jede Veränderung auf das Zielmodell einzahlt. Es hätte fatale Auswirkungen bei den Mitarbeitern, wenn einer der bereits umgesetzten Schritte wieder rückgängig gemacht werden müsste und dann eine gegensätzliche Richtung eingeschlagen wird.

Im vorherigen Kapitel habe ich erwähnt, dass das verhassteste Arbeitszeitmodell zum heiligen Gral wird, wenn es verändert werden soll. Dies bezieht sich darauf, wenn One-Size-Fits-All-Arbeitszeitmodell A durch One-Size-Fits-All-Arbeitszeitmodell B ersetzt werden soll. In unseren Projekten haben wir die Erfahrung gemacht, dass es nahezu unmöglich geworden ist, dass sich eine Belegschaft mit einer deutlichen Mehrheit auf ein einziges neues Modell einigt. Stellt man 2 alternative Modelle zur Wahl, folgt oft ein Brexit-Ergebnis von 51 % zu 49 %. Dann steht man vor einer unlösbaren Aufgabe, denn egal wie man sich entscheidet, man entscheidet immer gegen die Hälfte der Belegschaft. Die Konsequenz ist oft, dass es beim alten Modell bleibt.

Werkzeugkasten: NEW WORKforce Management
Um Arbeitszeitmodelle erfolgreich zu entwickeln und umzusetzen, haben wir bei SSZ einen Werkzeugkasten entwickelt, den wir NEW WORKforce Management nennen[28]. Bestandteil dieses Werkzeugkastens sind die sogenannten Flexibilitätsmodelle.

Wir entwickeln kein einzelnes Modell, sondern ein Arbeitszeitsystem aus verschiedenen Modellen, zwischen denen die Mitarbeiter wählen können. In jedem Flexibilitätsmodell ist definiert, wie die Arbeitszeiten sind, welche Art der Flexibilität erwartet wird und was man davon hat, diese Flexibilität zur Verfügung zu stellen.

Die Idee mit den Flexibilitätsmodellen ist, die individuellen Flexibilitätsspielräume der einzelnen Mitarbeiter in unterschiedlichen Lebensphasen so zu kombinieren, dass in Summe der Flexibilitätsbedarf eines Unternehmens abgedeckt wird.

Auf diese Weise können die Beschäftigen je nach Lebensphase bzw. Bedürfnissen zwischen den Modellen wählen und wechseln, wodurch Kündigungen vermieden werden, die oft daraus resultieren, dass man im eigenen Unternehmen kein adäquates Arbeitszeitmodell vorfindet, wenn man z. B. eine Familie gründen möchte.[29]

7.2.3   Schritt 3: Pilotierung und Umsetzung

Ein wesentlicher Erfolgsfaktor für die erfolgreiche Umsetzung ist eine Pilotierung. Mit der Entwicklung des Pilotprojekts (oder Piloten, wie man auch häufig sagt) kann man Skeptiker einbinden, da es keine finale Entscheidung gibt, und immer der Weg zurück zum Anfang offen steht, sollte das Experiment nicht den gewünschten Erfolg haben.

Wichtig ist, dass der Pilotbetrieb mindestens 6 Monate läuft – idealerweise jedoch länger.

Der Grund dafür ist einfach: Die Veränderung führen zunächst noch zu Ineffizienzen, da die am Pilotprojekt teilnehmenden die Komfortzone der alten Prozesse verlassen. Erst wenn die neuen Regeln und Vorgehensweisen sich etwas eingespielt haben, kann man wirklich beurteilen, ob die Veränderung zu den erhofften Verbesserungen geführt hat.

---

28   Dieser Werkzeugkasten und vieles mehr ist in unserem Buch »NEW WORKforce Management – Arbeitszeit und Personaleinsatzplanung human, wirtschaftlich und kundenorientiert gestalten«, auf 488 Seiten ausführlich beschrieben
29   Weiterführende Informationen zu Gestaltung von Flexibilitätsmodellen können in »NEW WORKforce Management – Arbeitszeit und Personaleinsatzplanung human, wirtschaftlich und kundenorientiert gestalten«, Seite 204 ff nachgelesen werden

Zudem ist es wichtig, dass sich die Beschäftigten auch privat umorganisieren, um wirklich entscheiden zu können, welche Auswirkungen die neuen Modelle auf das Privatleben haben.

Dauert hingegen ein Pilot nur 6 Wochen, wird sich niemand umorganisieren, die 6 Wochen werden als Ausnahmezustand wahrgenommen und man schleppt sich durch den Piloten, bis man dann endlich wieder nach dem alten Modell arbeiten kann. Ein erfolgreicher Test ist so unmöglich.

Für das Pilotprojekt wählen Sie einen Bereich aus, in dem sowohl Führungskräfte als auch Mitarbeiter für Veränderungen offen sind.

Die Umsetzung der Veränderungen sollte von einem Projektteam intensiv begleitet werden. Eine zentrale Aufgabe des Projektteams ist, neu auftretende Fragen und Probleme sofort zu bearbeiten. Auch Anpassungen an den Konzepten dürfen kein Tabu sein.

Das Pilotprojekt dient vor allem dazu zu zeigen, dass das neue Modell funktioniert, wie es funktioniert und dass es allen Beteiligten Vorteile bringt.

Wenn das gelingt, ist es nur eine Frage der Zeit, bis Mitarbeiter aus anderen Bereichen, die davon erfahren haben, den Wunsch äußern, ebenfalls so arbeiten zu wollen. Auf diese Weise wird ein Modell nicht verordnet, sondern man fördert den Wunsch der Mitarbeitenden nach dem neuen Modell, man wendet also nicht das Push-Prinzip sondern das Pull-Prinzip an.

Strebt man eine Arbeitszeitverkürzung mit vollem Lohnausgleich an, sollte man iterativ vorgehen und ggf. mehrere Pilotphasen aneinanderreihen.

Beispielsweise kann man die Verkürzung in Zwei-Stunden-Schritten durchführen, also z. B. erstmal von 40 auf 38, dann auf 36 Stunden. Erst wenn sich gezeigt hat, dass die Abläufe immer noch funktionieren, und eine gesteigerte Gesamtproduktivität die Kapazitätsminderung kompensiert, geht man den nächsten Schritt.

Ein wesentlicher Bestandteil für Produktivitätssteigerungen ist u. a. der bedarfsgerechte und flexible Einsatz von Arbeitszeit und ein wesentlicher Teil einer erfolgreichen Umsetzung von flexiblen Arbeitszeitmodellen ist der Einsatz einer entsprechenden digitalen Unterstützung.

Die Gestaltung von flexiblen und attraktiven Arbeitszeitmodellen wird ein zunehmend wichtiger strategischer Erfolgsfaktor für das Überleben von Unternehmen.

Nur wer die flexiblen Kundenbedarfe wirtschaftlich bedienen kann und dafür genug qualifiziertes Personal besitzt, wird in Zukunft erfolgreich sein.

7.3   Technik als Basis für Arbeitszeitflexibilisierung

Sehr oft werden Arbeitszeiten nicht flexibilisiert, weil man die Befürchtung hat, dass die Arbeitszeitmodelle aufgrund der Flexibilisierung so komplex werden, dass sie mit den gewohnten Mitteln nicht mehr administriert werden können. Doch in dieser Sache kann ich Entwarnung geben.

7.3.1   Workforce-Management-Systeme

Es gibt funktional sehr ausgereifte Workforce-Management-Systeme, mit denen auch komplexe Arbeitszeitmodelle verwaltet werden können. (Mit Deutschlands weitverbreitetstem Tool der Personaleinsatzplanung, namentlich Excel, ist das jedoch tatsächlich nicht möglich). In meiner Beratungspraxis erlebe ich immer wieder, dass es nach wie vor sehr viele Unternehmen gibt, die derartige Systeme nicht haben oder noch nicht einmal wissen, was diese zu leisten im Stande sind. Das ist in etwa so, wie wenn man E-Mail nicht kennt und daher gegen die Einführung von Homeoffice ist, weil man die Wohnungen der Angestellten nicht an die unternehmensinterne Rohrpost angeschlossen bekommt.[30]

Digitalisierung ist eine sehr wichtige Basis für flexible Arbeitszeitgestaltung, egal ob in Angestelltenbereichen, Call Center, der Pflege oder in der Produktion.

Gerade in der Produktion hat die Technik, im konkreten Fall die Automatisierung, eine noch viel wichtigere Bewandtnis für gesündere und flexiblere Arbeitszeitgestaltung. Aufgrund der immer steigenden Kosten von Produktionsanlagen müssen diese zur Amortisierung häufig rund um die Uhr laufen. Das trifft, wie bereits erläutert, auf immer weniger Beschäftigte, die kontinuierlich arbeiten möchten.

7.3.2   Weiterreichende Automatisierung von Anlagen

Ein Teil der Lösung besteht in einer noch weiterreichenden Automatisierung von Anlagen. Wir haben bereits einige Kunden, die vollautomatische Linien angeschafft haben

---

30   Ausführliche Informationen zu Funktionen von Workforce-Management-Systemen und dadurch mögliche Arbeitszeitmodelle sind in dem Buch »NEW WORKforce Management – Arbeitszeit und Personaleinsatzplanung human, wirtschaftlich und kundenorientiert gestalten« nachzulesen

und z. B. in der Bestückung der Anlage automatische Puffer geschaffen haben, sodass diese ohne Personal bis zu 8 Stunden durchlaufen können.

Das funktioniert, wenn der vorgelagerte Puffer in einer Schicht aufgefüllt wird, sodass die Anlage laufen kann, um dann in der übernächsten Schicht wieder bestückt zu werden. Auf diese Weise kann man sowohl Nacht- als auch Wochenendschichten einsparen. Das ist oft die Intention, wenn derartigen Anlagen aufgebaut werden. Der Grund hierfür liegt aber selten darin, dass man die Arbeit humaner gestalten möchte, sondern dass man Personalkosten und Nachtzuschläge einsparen kann.

7.3.3 Arbeit menschlicher machen

Wer im Blick hat, auch die Arbeit menschlicher zu machen, wird rasch auf die Idee kommen, dass diese geplanten oder neu eingeführten Automatismen plötzlich flexibles Arbeiten ermöglichen, als man es bisher überhaupt zu denken gewagt hat.

Die dadurch ermöglichten flexiblen Arbeitsplätze sind perfekt für Teilzeitkräfte, die sogar selbst bestimmten können, wann sie und wieviel sie arbeiten.

Die einzige Nebenbedingung ist, dass der Eingangspuffer immer so voll ist, dass die Anlage nicht stoppen muss, weil kein Material mehr zugeliefert wird. Plötzlich hat man auch im vollkontinuierlichen Betrieb die Möglichkeiten zur Flexibilisierung wie im Ein- oder Zweischichtbetrieb.

8 Arbeitszeitflexibilisierung in der Praxis

Nachdem wir nun viel über Arbeitszeitflexibilisierung gesprochen haben, möchte ich in diesem Abschnitt konkrete Beispiele beschreiben.

Vorbemerkung: Da die Freigabeprozesse für die Publikation von konkreten Beispielen in den meisten Unternehmen sehr aufwendig sind, habe ich mich dazu entschlossen, die Modelle anonym ohne Nennung der jeweiligen Unternehmen darzustellen. Einige Modelle sind auch abstrakt beschrieben, d. h. es liegen keine konkreten Kundenprojekte zugrunde, es sind aber Ideen, die zwar nicht genau in der Kombination aber jeweils einzeln oder in anderer Zusammensetzung bei Kunden umgesetzt wurden.

Modelle für konkrete Problemstellungen
Jedes der beschriebenen Modelle wurde für konkrete Problemstellungen entwickelt. Deshalb sind sie auch selten 1 : 1 auf andere Situationen übertragbar. Ob ein Arbeitszeitmodell zu einem Unternehmen passt, hängt von vielen Faktoren ab, wie z. B. Bedarfstyp, Flexibilitätsbedarf, Unternehmenskultur, operative Prozesse, IT-Landschaft, Verhältnis Arbeitgeber zu Arbeitnehmervertretung, Durchschnittsalter der Belegschaft, aktuelles Arbeitszeitmodell u. v. m. Selbst wenn also die operativen Prozesse und die Bedarfskonstellation ähnlich erscheinen, kann es viele Gründe geben, warum ein Arbeitszeitmodell nicht übertragbar ist.

Übrigens ist genau das die Problematik bei der aktuellen Diskussion zur 4-Tage-Woche. Hier wird häufig der Eindruck vermittelt, dass mit einem einzigen Modell alle Probleme bei allen Unternehmen dieser Welt gelöst werden können. Viele Probleme können in der Tat gelöst werden, aber eben mit unterschiedlichsten Konzepten und Modellen. Einige davon werden im Folgenden beschrieben.

Dabei gibt es angesichts der Ausgangslagen eklatante Unterschiede, welche Lösungen möglich sind, wenn man einen variablen Bedarf hat und nur ein- oder zweischichtig arbeiten muss oder ob man gemäß einem fixen Bedarf verplant wird. Daher habe ich die folgenden Praxisbeispiele nach Branchen bzw. in Modelle für operative Bereiche wie Produktion oder Pflege und administrative Bereiche unterteilt. Das heißt jedoch nicht, dass manche Aspekte oder sogar ganze Modelle nicht auch in den jeweils anderen Bereichen funktionieren können.

8.1 Praxisbeispiel 1: Arbeitszeitflexibilisierung durch Arbeitszeitverkürzung (branchenübergreifend)

Das folgende Praxisbeispiel zeigt, wie facettenreich Arbeitszeitverkürzung in Verbindung mit Arbeitszeitflexibilisierung aussehen kann. Das Modell kann überall angewandt werden, wenn es gelingt, eine Arbeitszeitverkürzung durch Produktivitätssteigerung zu ermöglichen.

Exkurs: Im Gegensatz zu einer 4-Tage-Woche gibt es bei diesem Praxisbeispiel auch keine Vorgabe im Hinblick auf die Anzahl Arbeitstage pro Woche. Denn wie bereits dargestellt, kann es verschieden Gründe geben, warum eine reine 4-Tage-Woche nicht umgesetzt werden kann, wenn z. B. 32 Stunden bei vollem Lohnausgleich wirtschaftlich nicht möglich sind. Andererseits habe ich auch aufgezeigt, dass es sehr wahrscheinlich ist, eine Reduktion der Arbeitszeit bis zu 10 % durch geringere Krankenquoten und Leerzeiten auszugleichen, was einer Absenkung der Wochenarbeitszeit von 40 auf 36 Stunden entsprechen würde. Rein rechnerisch ergäbe dies bei einer Tagesarbeitszeit von 8 Stunden eine 4,5-Tage-Woche. Das entspricht dann auch der real erreichten Arbeitszeitreduktion in der UK-Studie.

Eine wichtige Voraussetzung für eine bezahlte Arbeitszeitreduktion ist immer der Deal: Arbeitszeitverkürzung gegen Flexibilität. Nur durch Flexibilität, können Leerzeiten reduziert und damit die Produktivität gesteigert werden. Bei einer starren 4-Tage-Woche fällt diese Flexibilität weg.

Das konkrete Modell sieht wie folgt aus: Die Basisarbeitszeit wird auf 4 Tage pro Woche geplant, d. h. es gibt 1 freien Tag pro Woche. Dieser kann je nach Ausprägung ein fester oder ein rollierender freier Tag sein. Ist der Bedarf eher niedrig oder normal, wird man mit der 4-Tage-Woche auskommen. Aber immer dann, wenn mehr zu tun ist, wird am 5. Tag zusätzlich – und verbindlich – gearbeitet.

Bei einer 4,5-Tage-Woche mit 6 Wochen Urlaub wird in 23 Wochen des Jahres 5 Tage arbeitet und in den anderen 23 Wochen des Jahres nur 4.

In 23 Wochen kann der Arbeitgeber also die Kapazität um 20 % steigern, in den anderen haben die Mitarbeiter 3 Tage Freizeit.

Variante: Gleitzeit oder variable Schichtlängen. Sofern es sich nicht um eine kontinuierliche Schicht handelt, kann man das Modell noch mit Gleitzeit oder variablen Schichtlängen kombinieren. Bei sehr hohem Bedarf kann man also nicht nur den 5. Arbeitstag einführen, sondern ggf. auch noch die Tagesarbeitszeit verlängern. Das ermöglicht, dass man in noch mehr Wochen nur 4 Tage arbeitet oder bei sehr niedrigem Bedarf sogar nur 3 Tage oder in der 4-Tage-Woche mit verkürzten Tagesarbeitszeiten.

Sind die Wochen mit hohem und niedrigem Bedarf prognostizierbar, kann man sogar die 5. Tage bzw. 4-Tage-Wochen mit entsprechendem Vorlauf planen und damit den Mitarbeitern eine längerfristige Planungssicherheit ermöglichen.

Variante: Personalbereich. In Personalbereichen ist beispielsweise bekannt, dass bei den administrativen Tätigkeiten wie z.B. Lohnabrechnung die Wochen am Monatsende und am Monatsbeginn eine hohe Arbeitslast mit sich bringen, während Mitte des Monats weniger zu tun ist. Hier könnte man grundsätzlich eine Vereinbarung treffen, dass gegen Monatsende und Monatsanfang die 5-Tage-Woche gilt und die restliche Zeit eine 4-Tage-Woche.

Dieses Vorgehen ist mit jeder Wochenarbeitszeit kleiner 40 Stunden möglich. Zu beachten ist allerdings immer, dass sich die Anzahl der Arbeitstage nicht nur aus der Wochen- sondern auch aus der Tagesarbeitszeit ergeben.

- Eine 35-Stunden-Woche bei 7,5 Stunden täglicher Arbeitszeit ergibt im Durchschnitt eine 4,67-Tage-Woche.
- Eine 35 Stunden-Woche mit 8 Stunden täglicher Arbeitszeit ergibt eine 4,375-Tage-Woche.

Im Prinzip ist das Vorgehen aber immer identisch, je näher der Wert an der 4-Tage-Woche ist, desto seltener werden die Wochen mit einem 5. Tag und umgekehrt. Wenn man eine reine 4-Tage-Woche anbieten möchte, dann sollte man bei flexiblen Bedarfen zwingend anstreben, dass die 4 Tage im Durchschnitt eines Jahres erbracht werden sollen. D.h. dass sowohl Wochen mit 3 als auch Wochen mit 5 Tagen möglich sind, um höhere oder niedrigere Bedarfssituationen passgenau abdecken zu können.

8.2   Praxisbeispiel 2: 5-Stunden-Tag (Wissensarbeit)

Bereits 2018 hat Lasse Rheingans in seiner Agentur »Rheingans Digital Enablers« den 5-Stunden-Tag eingeführt[31]. Ausgangspunkt war der Wunsch, mehr Zeit für Familie und Hobbys zu haben, ohne finanzielle Einbußen hinnehmen zu müssen.

Extreme Produktivitätssteigerung. Das Ziel war, die gleiche Arbeitsmenge wie zuvor extrem fokussiert in wenigen Stunden zu erledigen, also die Produktivität in der Arbeitszeit extrem zu steigern.

Wie Lasse Rheingans das gemacht hat, ist in seinem Buch »Die 5-Stunden-Revolution« im Detail nachzulesen und für alle Unternehmer, deren Geschäftsmodell Kreativ- und Wissensarbeit beinhaltet, möchte ich eine klare Leseempfehlung aussprechen. Ähn-

---

31   Die 5-Stunden-Revolution, Lasse Rheingans, Campus

lich wie bei der 4-Tage-Woche gab es einen großen medialen Hype um das Modell und im Kern sind beide Modelle sehr vergleichbar.

Annahme: Unmöglichkeit 8 Stunden Konzentration. Der Hype bezieht sich im Wesentlichen darauf, dass man die gleiche Arbeit in weniger Zeit schafft und sowohl Mitarbeiter als auch Unternehmen davon profitieren. Tatsächlich gelten die von mir formulierten Voraussetzungen für die 4-Tage-Woche uneingeschränkt auch für den 5-Stunden-Tag. Es gibt einen fundamentalen Unterschied: Das 5-Stunden-Tag-Konzept beruht auf der Annahme, dass es unmöglich ist, 8 Stunden konzentriert durchzuarbeiten und dass dabei automatisch Ineffizienzen entstehen, was bei 5 Stunden nicht der Fall sei.

Produktivität sinkt, je länger ein Arbeitstag ist. Im Umkehrschluss spricht dieses Praxisbeispiel auch gegen die 4-Tage-Woche. Denn sie bewirkt fast das genaue Gegenteil: Solange die Wochenarbeitszeit größer als 32 Stunden ist, sind die Arbeitstage eher über 8 Stunden lang, wodurch – nach der Annahme von Lasse Rheingans – die Produktivität sinken dürfte. Dennoch wird auch bei der 4-Tage-Woche damit argumentiert, dass die Produktivität steigt. Inhaltlich würde ich mich tatsächlich eher der Argumentation anschließen, dass die Produktivität sinkt, je länger ein Arbeitstag ist.

Art der Tätigkeit: Kreativarbeit. Ein anderer Aspekt ist die Art der Tätigkeit bzw. das Geschäftsmodell. Lasse Rheingans schreibt selbst, dass das Konzept bei Kreativarbeit deutlich einfacher umzusetzen ist als in produzierenden Unternehmen oder der Pflege.

Das erkennt man auch, wenn er aufzählt, welche Zeitfresser identifiziert wurden, um die Produktivität als Voraussetzung zur Arbeitszeitverkürzung zu steigern. Im Folgenden ein Auszug dieser Aufzählung aus dem Buch[32]:

* Wir stellen die Ohren auf Empfang, wenn jemand ins Nachbarbüro kommt
* Wir füllen am Computer unsere private Onlineüberweisung aus
* Wir rufen zwischendurch den Klempner an, damit er unsere Sprinkleranlage im Garten repariert
* Wir gießen unseren geliebten Ficus Benjamini und zupfen ihm zärtlich seine vertrockneten Blätter ab
* Wir holen schnell mal ein Paket ab aus der nahegelegenen Postfiliale oder den Anzug aus der Reinigung
* Wir loggen uns mal zwischendurch in World of Warcraft, Fortnite oder ein anderes Onlinespiel ein
* Wir lassen uns von dem regen Treiben vor dem Schaufenster ablenken

---

32   Die 5-Stunden-Revolution, Seite 12 ff, Lasse Rheingans, Campus

- Wir machen auf die Schnelle das Kreuzworträtsel im Magazin der Berufsgenossenschaft fertig
- Wir holen Bargeld vom Geldautomaten in der Bank gegenüber
- Wir schauen mehrmals täglich bei unseren bevorzugten Social Networks vorbei
- Wir besuchen die Kollegen in anderen Abteilungen
- Wir informieren uns in den Onlinemedien über das Wetter oder die Nachrichtenlage
- Wir planen das Wochenende mit Freunden
- Wir koordinieren die Arzttermine der Kinder, den Werkstattaufenthalt des Autos oder die Verlängerung des Personalausweises

Ich habe die Liste auch zitiert, um aufzuzeigen, wie deutlich die Situation von White-Collar-Themen geprägt ist und in welcher Zweiklassengesellschaft wir uns mittlerweile bewegen. So gut wie keiner der Zeitfresser wäre z. B. in einer Produktion oder einem Pflegebereich denkbar, da vieles per se überhaupt nicht möglich ist und es auch nicht geduldet würde. Mit anderen Worten: da es dort diese Zeitfresser nicht gibt, kann man auch nicht die Produktivität steigern, wenn man sie eliminiert.

Jetzt könnte man sagen, dass diese Zeitfresser nur in dem Unternehmen von Lasse Rheingans auftraten. Dazu kann ich aber aus der Praxis berichten, dass ich ein Unternehmen aus der Finanzbranche kenne, in dem der Betriebsrat erstritten hatte, dass eine Verteilzeit von 25% anerkannt wurde. Unter Verteilzeit versteht man die Zeiten, die zwangsläufig während der Arbeitszeit anfallen, in denen man nicht produktiv ist. Gemeint sind damit z. B. Toilettengang oder das Hochfahren eines Computers. Bei diesem Unternehmen hat man aber auch das Ausrichten und den Besuch eines Geburtstagsumtrunks, Blumengießen etc. in die Liste aufgenommen. Gleichzeitig gab es eine Krankenquote von 10%. D. h. es war allgemein anerkannt und abgesegnet, dass 35% (25% +10%) der gesamten Anwesenheitszeit nicht produktiv genutzt wurde.

Jetzt kann man auch verstehen, warum es in administrativen Bereichen unter Umständen häufig einfacher sein kann, die Produktivität zu steigern, um eine 4-Tage-Woche oder einen 5-Stunden-Tag zu etablieren.

Weitere Stellhebel: Produktivitätssteigerung. Der Vollständigkeit halber sei erwähnt, dass Lasse Rheingans auch noch ganz andere Stellhebel wie Digitalisierung, Organisation und Prozesse optimiert hat. Dennoch bleibt: in operativen, bereits sehr effizienten Bereichen ist das viel schwieriger.

Beispiel: Pflegeeinrichtung. Das zeigt auch das Beispiel im Svartedalen Äldrecentrum, einer Pflegeeinrichtung in Schweden, die den 6-Stunden-Tag bei vollem Lohnausgleich eingeführt hatte. Da die zur Kompensation notwendigen Produktivitätsgewinne nicht realisiert werden konnten, mussten 14 neue Mitarbeiter eingestellt werden, was zu einem Kostenanstieg führte, der auf Dauer nicht zu finanzieren war. Im Ergebnis wurde wieder der 8-Stunden-Tag eingeführt[33].

Gerade in der Pflege würde ich mir wünschen, dass das Personal dort massiv entlastet wird und sich die Arbeitsbedingungen deutlich verbessern. Die plumpe Einführung eines 5- oder 6-Stunden-Tages oder einer 4-Tage-Woche wird nicht die Lösung sein. Zumindest so lange nicht, solange kein Weg gefunden wird, die Produktivität entsprechend zu steigern, ohne die Arbeitsbelastung noch weiter zu erhöhen. Es sei denn, dass unsere Gesellschaft sich die Pflege von Kranken und Alten mehr kosten lasst.

8.3   Praxisbeispiel 3: SSZ-Modell (Wissensarbeit)

Vertrauensarbeitszeitmodell auf Basis einer 40-Stunden-Woche. In unserem Unternehmen setzen wir auf ein Vertrauensarbeitszeitmodell auf Basis einer 40-Stunden-Woche, es kommt am Ende allerdings mehr auf das Ergebnis als auf die geleistete Arbeitszeit an.

Variante: Teilzeit ohne Lohnausgleich. Darüber hinaus steht es unseren Mitarbeitern frei, jederzeit in einem Teilzeitmodell in Form einer 3- oder 4-Tage-Woche bei entsprechendem Gehaltsabzug zu arbeiten.

Homeoffice und Onlinemeetings. Da wir keine Büroräume besitzen, arbeiten wir alle entweder im Homeoffice oder vor Ort bei den Kunden, wobei die Vor-Ort-Termine nach der Pandemie gegenüber der Zeit vor der Pandemie deutlich abgenommen haben, da mittlerweile mehr online abgewickelt wird.

Souveränität über Ihre Arbeits- und Freizeit. Bei uns haben alle Beschäftigte die volle Souveränität über Ihre Arbeits- und Freizeit, d.h. wann und wo jemand arbeitet, wann Kundentermine liegen, liegt in der Hand jedes Mitarbeiters.

Man kann einen Vor-Ort-Termin ablehnen, weil z.B. der Sohn an dem Tag eine Theateraufführung hat, handelt es sich aber andererseits um einen Lenkungsausschusstermin oder generell einen Termin, der nur schwer anders zu terminieren ist, dann muss ggf. das Privatleben auch mal zurückstehen.

Freie Arbeitseinteilung im Homeoffice. Im Homeoffice ist die Arbeitszeit völlig frei einzuteilen. D.h. ob man früher oder später anfängt, zwischendrin Sport oder Homeschooling macht und dafür noch am Abend arbeitet ist frei wählbar, solange die Arbeit

---

33   Die 5-Stunden-Revolution, Seite 206 ff, Lasse Rheingans, Campus

erledigt wird und auf eine Anfrage (egal ob intern oder extern) innerhalb eines Tages reagiert wird.

Es liegt in der Verantwortung der Mitarbeiter, hier ein ausgewogenes Verhältnis im Sinne eines Gebens und Nehmens herzustellen. Da unsere Arbeitslast sehr stark schwankt, gibt es Wochen, in den ggf. nur für 2 bis 3 Tage Arbeit vorhanden ist. In diesen Wochen gibt es keinerlei Zwang, die Zeit am Arbeitsplatz zu verbringen, d.h. die Zeit kann und soll für private Dinge genutzt werden. In anderen Wochen kann die Arbeitslast aber auch so hoch sein, dass die Tage länger werden und ggf. auch mal Arbeit am Wochenende anfällt.

2 Bedingungen. Insgesamt gibt es genau 2 Bedingungen, die durch die Mitarbeiter eingehalten werden müssen.

1. Alle Arbeitszeiten und Reisen sind so zu planen, dass das Arbeitszeitgesetz eingehalten wird.
2. Innerhalb eines Jahres muss ein Berater mehr Umsatz machen, als dem Unternehmen Kosten entstehen (Bruttogehaltskosten + Reisekosten + umgelegte Allgemeinkosten), wir verfolgen keine Gewinnmaximierungsstrategie.

Solange wir als Unternehmen mit dem Berater kein Minus machen, können die Mitarbeiter Ihre Arbeitsintensität selbst bestimmten. Da sie prozentual am eigenen Umsatz beteiligt sind, hat jeder innerhalb seines Modells die Wahl zwischen mehr Freizeit oder mehr Geld.

Die Intensität wird durch die Anzahl Projekte bestimmt, in denen man eingesetzt wird. Solange keine signifikante Unterauslastung vorliegt, hat jeder Mitarbeiter die Wahl, ob er in einem neuen angebotenen Projekt eingesetzt werden möchte oder nicht.

Dieses Modell passt für uns perfekt und wir und unsere Mitarbeiter sind damit sehr zufrieden. Aber auch hier gilt, dass das Modell nur bedingt übertragbar ist und einen hohen Reifegrad aller Beteiligten sowie eine intensive Vertrauenskultur als Voraussetzung hat.

Vorteile des Modells

- Sehr hohe Zeitsouveränität der Mitarbeiter
- Wahl zwischen Geld und Freizeit (sowohl bei der Wahl zwischen Voll- und Teilzeit als auch innerhalb eines Modells)
- Hohe Arbeitgeberattraktivität (das Modell kommt bei Bewerbern sehr gut an)
- Arbeitszeit und -intensität je nach Lebenssituation flexibel anpassbar

8.4 Praxisbeispiel 4: Flexshift-Work© by SSZ Beratung (operativer Bereich)

Ausgangspunkt für dieses Arbeitszeitmodell war ein saisonal stark schwankender Bedarf. Im konkreten Beispiel war die Arbeitslast in der Jahresmitte groß und die Auslastung gegen Jahresende und Jahresanfang gering.

Die Flexibilität wurde in der Vergangenheit hautsächlich über Leiharbeit hergestellt. Das wurde zunehmend problematisch, weil qualifizierte Leiharbeitnehmer immer schwieriger zu finden waren.

Mit dem verwendeten Schichtmodell für einen vollkontinuierlichen Betrieb und einer Wochenarbeitszeit von 40 Stunden war es zudem schwierig, Stammmitarbeiter zu rekrutieren.

Das hat wiederum dazu geführt, dass sämtliche Leiharbeitnehmer durchgängig beschäftigt wurden, also auch in der bedarfsschwachen Zeit, nur um diese nicht zu verlieren, wodurch erhebliche Kosten entstanden.

Berechnungen ergaben, dass diese Leerzeiten zusammen mit einer zusätzlich angestrebten Absenkung der sehr hohen Krankenquote von 20 % zu dem wirtschaftlichen Potenzial führten, die Arbeitszeit bei vollem Lohnausgleich auf 35 Stunden pro Woche abzusenken.

Voraussetzung war allerdings mit einer Stammbelegschaft die saisonale Bedarfskurve ohne Leerzeiten abzubilden.

Zugleich wollte man den Arbeitnehmern die Chance auf Mehrarbeit geben, um ein höheres Einkommen zu ermöglichen und um nicht zu viele neue Mitarbeiter einstellen zu müssen.

Die Lösung sah wie folgt aus: Es wurde ein Schichtplan mit einer Wochenarbeitszeit von 33,6 Stunden entwickelt. Auf Basis einer 35-Stunden-Woche bedeutet dies, dass pro Jahr und Mitarbeiter ca. 10 Einbringschichten geleistet werden müssen, die langfristig in der Hochsaison eingeplant werden können.

An Teilzeit interessierte Mitarbeiter können bei entsprechender Lohnkürzung bei den 33,6 Stunden bleiben, was durchschnittlich einer 4,5 Tage Woche entspricht.

Darüber hinaus wird allen Mitarbeitern die Option gegeben, langfristig im Rahmen der Jahresplanung oder auch kurzfristig dem Arbeitgeber in Blöcken von 5 Tagen bezahlte Zusatzschichten zu »verkaufen«, die der Arbeitgeber in der Hochsaison einplanen darf.

Auf diese Weise können die Mitarbeiter jedes Jahr frei entscheiden, wieviel sie arbeiten möchten und ob sie in einem Jahr lieber mehr Freizeit haben oder mehr Geld verdienen möchten.

Für Mitarbeiter, die noch weniger als die 33,6 Stunden arbeiten möchten, hat man die Möglichkeit geschaffen, ein Kontingent von zusätzlichen Urlaubstagen gegen Entgeltabzug in Anspruch zu nehmen.

Voraussetzung: Personalbedarfsermittlung. Voraussetzung für dieses Modell ist jedoch eine gute Personalbedarfsermittlung auf Arbeitgeberseite, sodass man in einer Jahresplanung bzw. kürzerfristigen Planung jederzeit abgleichen kann, wie der Bedarf im Vergleich zur aktuell verfügbaren Kapazität ist und wie viele Zusatzschichten benötigt werden, die den Mitarbeitern angeboten werden können.

Vorteile des Modells

- Arbeitszeitverkürzung von 5 Stunden bei vollem Lohnausgleich ohne wirtschaftliche Einbußen
- Wahlarbeitszeit für die Mitarbeiter
- Wahlmöglichkeit zwischen mehr Geld und Freizeit für die Mitarbeiter
- Teilzeitmöglichkeit für die Mitarbeiter
- Vermeidung von Leerzeiten in der bedarfsschwachen Zeit
- Höhere Verfügbarkeit von Mitarbeitern in der Hochsaison
- Weniger Belastung der Mitarbeiter
- Höhere Attraktivität als Arbeitgeber

8.5   Praxisbeispiel 5: Flexible Arbeitszeit mit Fertigungsinseln (operativer Bereich)

Mittlerweile begegnet uns in unseren Projekten immer häufiger eine Form von Gruppenarbeit in sogenannten Fertigungsinseln. Insgesamt gibt es einen getakteten Produktionsprozess, in dem verschiedene Fertigungsinseln hintereinandergeschaltet werden und jede Insel hat eine bestimmte Zeiteinheit, z.B. 20 Minuten zur Verfügung, um alle vorgesehen Arbeitsschritte durchzuführen.

Diese Form der Fertigung findet man sehr oft in Montagebereichen. An einer Fertigungsinsel werden in der Regel eine bestimmte Abfolge von Tätigkeiten an mehreren Arbeitsplätzen durchgeführt. Gibt es z.B. 5 Arbeitsplätze, müssen jeweils 5 Mitarbeiter anwesend sein, um die Tätigkeiten in einem Takt durchführen zu können.

Ein Takt wiederum ist eine vorgegebene Zeiteinheit, in dem alle diese Tätigkeiten durchgeführt werden müssen, bevor im nächsten Takt das Produkt mit anderen Tätigkeiten weiter fertiggestellt wird.

Meistens sind die Teams so aufgebaut, dass jeder Mitarbeiter im Team jeden Arbeitsplatz der Fertigungsinsel bedienen kann. Dabei ist es beabsichtigt, dass die Mitarbeiter innerhalb einer Schicht die Arbeitsplätze wechseln, damit sie einerseits qualifiziert bleiben und andererseits nicht den ganzen Tag damit verbringen eine einzige – dann eintönige – Tätigkeit durchzuführen.

Materialpuffer. Zwischen den einzelnen Fertigungsinseln gibt es sehr oft Materialpuffer. Diese sollen verhindern, dass die gesamte Fertigungsstraße nicht weiterarbeiten kann, wenn z. B. in einer Insel eine Störung vorliegt und somit die Folgetakte bzw. Folgeinseln nicht mit Ware versorgt werden.

Da Halbfertigprodukte Geld binden, wird im Rahmen des Lean Management versucht, diese Puffer so klein wie möglich zu halten.

Wie bereits an früherer Stelle in diesem Buch vermerkt, verfolgen sämtliche Managementtheorien in der Produktion ausschließlich Effizienzziele, d. h. die Senkung von Beständen und die Erhöhung der Produktivität und Optimierung des Materialflusses. Der Mensch kommt in dieser Betrachtung nicht vor. Nur so kann man es erklären, dass bei einem unserer Kunden noch vor wenigen Monaten in einem Lean Projekt die Puffer zwischen den Fertigungsinseln noch weiter gesenkt wurden, was für die Mitarbeiter deutlich belastender ist, da im Falle eines Problems sofort die gesamte Produktionslinie steht, wodurch ein höherer Druck entsteht, die Arbeit unbedingt schaffen zu müssen.

Betrachtet man den Prozess jedoch nicht ausschließlich aus der Materialflussperspektive, sondern aus der Sicht der Beschäftigten, der Arbeitsbelastung und der Arbeitsflexibilisierung, würde man zu einem ganz anderen Schluss kommen. Angenommen man hat vor und nach der Fertigungsinsel einen Materialpuffer für 1,5 Stunden. Dies würde bedeuten, dass eine Insel 1,5 Stunden ausfallen kann, ohne dass die vorherigen und folgenden Fertigungsinseln davon betroffen wären.

Das würde wiederum Gleitzeit in der Produktion ermöglichen. Man könnte z. B. später anfangen oder früher gehen oder zwischendrin ein Kind von der Kita abholen.

Die einzige Rahmenbedingung ist, dass die Bestände vor der Insel nicht zu voll werden, so dass die Vorstufe die Halbfertigprodukte nicht übergeben kann und und der Puffer der Folgeinsel nicht zu niedrig wird. Solange diese Rahmenbedingung eingehalten wird, kann ein Team selbstbestimmt die Arbeitszeit gestalten. Damit wäre eine sehr oft geforderte Verbesserung der Work-Life-Balance auch in der Produktion möglich. Damit verbunden wären viele positive Effekte in Bezug auf die Krankenquote, die Fluktuationsquote, die Arbeitgeberattraktivität u.v.m. Diese Effekte sollte man gegen die höheren Kosten gegenrechnen, die durch die Kapitalbindung von mehr Halbfertigwaren entstünden. Ich könnte mir vorstellen, dass es sich durchaus lohnen kann.

Vorteile des Modells

- Gleitzeit in der Produktion möglich
- Bessere Work-Life-Balance für Produktionsmitarbeiter
- Mehr Einfluss auf die eigene Arbeitszeit
- Weniger Stress durch höhere Pufferzeiten
- Höhere Arbeitgeberattraktivität selbst bei Schichtbetrieb

8.6 Praxisbeispiel 6: Flexible Ein- oder Zweischichtarbeit (operativer Bereich)

In vielen Schichtbetrieben ist die Dauer einer Schicht sehr starr und jeden Tag gleich. Flexibilität wird meistens dadurch generiert, dass man bei Minderauslastung Schichten absagt und bei Mehrbelastung Zusatzschichten anberaumt.

Samstagsschicht. Bei einer 5-Tage-Woche bedeutet das für die Mitarbeiter, dass sie eine unpopuläre Samstagsschicht schieben müssen.

Häufig passiert das auch aufgrund technischer Probleme, eine Anlage läuft nicht reibungslos, daher kann die geplante Wochenmenge nicht während der Woche produziert werden und die Fehlmenge muss am Wochenende nachproduziert werden.

Schichtverlängerung. Statt der Samstagsschicht wird auch die tägliche Schicht verlängert, sodass der gewünschte Wochenausstoß bis Donnerstagabend produziert werden kann. Tritt dann ein Problem an der Anlage auf, kann man noch ein paar Stunden bzw. eine Schicht am Freitag dranhängen und hat den Samstag verbindlich frei.

Funktioniert alles wie geplant, hat man in diesen Wochen am Freitag frei. Das Modell läuft also auf eine 4,x-Tage-Woche hinaus, ohne dass eine Arbeitszeitzeitverkürzung zwingend erforderlich wäre.

Körperliche und mentale Belastung. Wie lang tägliche Schichten sein können, hängt von der körperlichen und mentalen Belastung ab. Sehr anstrengende Tätigkeiten können eher nicht 9 Stunden durchgeführt werden, während einfachere Tätigkeiten auch bis zu 10 Stunden pro Tag geleistet werden können, wobei man Schichten nie mit mehr als 9:30 Stunden Schichtlänge planen sollte. Auf diese Weise vermeidet man Verstöße gegen das Arbeitszeitgesetz, wenn es dann doch mal etwas länger dauert.

Variable Tages- bzw. Wochenarbeitszeit. Das Modell kann man noch weiter flexibilisieren. Wann immer die geplante Ausbringungsmenge geringer ist als der maximal mögliche Wochenausstoß, benötigt man weniger Maschinenlaufzeit. Diese kann man entweder durch mehr oder weniger Schichten oder eine variable Tages- bzw. Wochenarbeitszeit steuern. So könnte es eine Möglichkeit sein, die Freitagsschicht abzusagen, um ein langes Wochenende zu ermöglichen.

Schichtlänge kürzen oder verlängern. Ist es aber z.B. im Sommer in der Produktionshalle sehr heiß und die Arbeit sehr belastend, bleibt man bei 5 Arbeitstagen und kürzt die Schichtlänge entsprechend z.B. auf 6 Stunden. Auf diese Weise kommt man schneller aus der heißen Produktionshalle, wird nicht überlastet und hat evtl. sogar noch Zeit, mit den Kindern ins Freibad zu gehen.

Mitarbeiterentscheidung. Geht man noch einen Schritt weiter, kann man den Mitarbeitern im Rahmen einer Gruppenarbeit die Entscheidung überlassen, welche Variante der Arbeitszeitverkürzung sie gerne hätten und dies von Woche zu Woche.

Wechselnde Wochenauslastung. Theoretisch wäre ein derartiges Modell auch bei einer 40-Stunden-Woche möglich. Dies würde aber bedeuten, dass Wochen mit weniger Auslastung Wochen mit höherer Auslastung folgen müssen, um auf 40 Stunden pro Woche im Durchschnitt zu kommen. Das bedeutet dann allerdings 5 lange Arbeitstage mit Schichtzeiten deutlich über 8 Stunden oder alternativ eine Zusatzschicht am Wochenende, in jedem Fall würde man an die obere Grenze der gesetzlich möglichen Durchschnittsarbeitszeit von 48 Stunden kommen, was sehr belastend ist und zu einer höheren Krankenquote führen kann.

Auch bei diesem Modell wäre z.B. eine 36-Stunden-Woche bei durchschnittliche 4,5 Arbeitstagen ideal. In schwachen Bedarfswochen hat man eine 4-Tage-Woche, in starken eine 5-Tage-Woche. Belastende Arbeitszeiten und unbeliebte Wochenendarbeit kann dadurch in der Regel vermieden werden. Am besten funktioniert dieses Modell in einschichtigen Bereichen. Tendenziell ist es auch bei Zweischicht möglich, allerdings ist der Rahmen deutlich begrenzter, da man sonst Gefahr läuft, dass die Spätschicht sehr lange in die Nacht hinein wandert.

Vorteile des Modells

- Hoher Einfluss der Mitarbeiter auf die eigene Arbeitszeit
- Vermeidung von Wochenendarbeit
- Ermöglichung von 4-Tage-Wochen
- Bessere Belastungssteuerung für die Mitarbeiter

8.7   Praxisbeispiel 7: 4,x-Tage-Woche (Handwerk bzw. Saisonbetrieb)

In dem Buch »4-Tage-Woche« von Martin Gaedt sind viele Beispiele enthalten, in denen Handwerksbetriebe auf eine 4-Tage-Woche umgestellt haben, indem sie die vorhandene Wochenarbeitszeit auf 4 Tage verteilt, also keine Arbeitszeitverkürzung umgesetzt haben. An den einzelnen Tagen wird demnach länger auf den Baustellen oder bei den Kunden gearbeitet, dafür hat man dann immer ein dreitägiges Wochenende.

Ich kann mir sehr gut vorstellen, dass das für Mitarbeiter sehr attraktiv ist, sofern die Arbeitsbelastung an den verlängerten Tagen im Rahmen bleibt. Das Unternehmen spart darüber hinaus noch Kosten, da man pro Woche eine Anfahrt weniger zur Baustelle hat. Insgesamt also eine Win-win-Situation für Arbeitgeber und Arbeitnehmer[34].

Ich kann mir aber durchaus vorstellen, dass bei körperlich sehr anstrengenden Tätigkeiten die Produktivität an den langen Tagen sinkt, da der Bedarf an Pausen zunimmt.

Außerdem wird mit diesem Modell einem etwaigen saisonalen Verlauf keine Rechnung getragen. Gerade viele Handwerksbetriebe haben in den Sommermonaten mehr zu tun als im Winter bzw. ist die Möglichkeit zu arbeiten generell sehr stark von der Wetterlage abhängig.

Wenn eine Umverteilung der Arbeitszeit bzw. deutliche Verlängerung der Arbeitszeit an einzelnen Tagen keine Option ist oder die Praxis zeigt, dass dadurch die Produktivität sinkt, kann auch hier die 4,x-Tage-Woche eine Lösung sein, in der in bedarfsstarken Wochen 5 Tage und in bedarfsschwachen Wochen nur 4 Tage gearbeitet werden.

Durch die höhere Flexibilität kann man ggf. Leerzeiten sparen, so dass evtl. sogar eine Arbeitszeitverkürzung mit Lohnausgleich möglich ist und an den einzelnen Arbeitstagen keine Arbeitsverdichtung notwendig ist.

Vorteile des Modells

- Höhere Flexibilität in der Auslastung und Vermeidung von Leerzeiten
- In bedarfsschwachen Zeiten 4-Tage-Woche mit langem Wochenende
- Keine Arbeitsverdichtung durch längere Arbeitstage

---

34   4-Tage-Woche, Martin Gaedt

8.8   Praxisbeispiel 8: Flexible Arbeitszeit (Pflegedienst)

Das von Lasse Rheingans genannte Beispiel des »Svartedalen Äldecentrum« zeigt, dass ein 6-Stunden-Tag oder auch alternativ eine 4-Tage-Woche zumindest unter den gegebenen Rahmenbedingungen nicht finanzierbar war. Seit einigen Jahren macht jedoch das niederländische Pflegedienstunternehmen Buurtzorg mit einem innovativen Arbeitszeitmodell von sich reden.

»Bei Buutzorg sind selbstorganisierte Teams von maximal 12 Fachkräften für jeweils eine bestimmte Nachbarschaft zuständig. Dabei planen die Mitarbeiter ihre täglichen Touren und die Pflege der Kunden selbst. Auf eine Pflegedienstleitung wird verzichtet. Das spart Geld und Papierarbeit. Darüber hinaus wird das Gehalt einer Pflegedienstleitung eingespart und kann auf die anderen Mitarbeiter verteilt werden. Das bedeutet höhere Löhne. Zudem haben die Mitarbeiter viel mehr Freiräume bei der Organisation und Gestaltung ihrer Tätigkeit – und somit mehr Spaß bei der Arbeit. Das alles macht den Arbeitsplatz attraktiver und zieht junge Menschen, die einen Beruf im Pflegebereich erwägen, stärker an.«[35]

In diesem Beispiel hat man auch ohne Arbeitszeitverkürzung ein sehr attraktives Arbeitszeitmodell gefunden. Alternativ hätte man evtl. die Lohnerhöhung in eine Arbeitszeitverkürzung umwandeln können oder noch besser: man lässt den Mitarbeitern die Wahl zwischen mehr Geld und mehr Freizeit.

Vorteile des Modells

* Mehr Einfluss auf die eigene Arbeitszeit zur besseren Synchronisierung von Arbeit und Privatleben
* Höherer Lohn
* Mehr Eigenverantwortung

8.9   Praxisbeispiel 9: Saison-Flex-Modell© by SSZ Beratung (Call-Center)

Ausgangspunkt für dieses Modell war die Situation, dass in einem Call-Center genau in der Ferienzeit, in der die meisten Beschäftigten gerne in Urlaub gehen würden, die größte Arbeitslast vorlag. Das hatte zur Folge, dass man wahlweise unterbesetzt war, wenn man die Urlaubswünsche genehmigt hatte, oder die Mitarbeiter unzufrieden waren, weil selbst Mitarbeiter mit Schulkindern nicht in der Ferienzeit Urlaub nehmen konnten. Gleichzeitig war man in den außerhalb der Ferienzeiten überbesetzt.

---

35   https://mitpflegeleben.de/pflege/professionelle-pflege-ambulante-dienste-und-stationaere-einrichtungen/ambulante-pflege-pflegedienste/buurtzorg/, Abruf 5.6.2023, 11:30 Uhr

Kapazität aus der Nebensaison in die Hauptsaison umzuverteilen. Die Aufgabenstellung bestand darin, Kapazität aus der Nebensaison in die Hauptsaison umzuverteilen. Die Lösung war ein zusätzlich zum bestehenden Arbeitszeitmodell angebotenes Flex-Modell, das die Mitarbeiter freiwillig wählen konnten. In diesem Modell verpflichteten sich die Mitarbeiter, innerhalb der Ferienzeiten im Rahmen der Möglichkeiten des Arbeitszeitgesetzes so viel wie möglich zu arbeiten. Die so aufgebauten Mehrstunden konnten dann in der Nebensaison am Stück mit Urlaub abgebaut werden, so dass Auszeiten von bis zu 2 Monaten möglich waren.

Das Modell erfreut sich seit Jahren großer Beliebtheit bei den Beschäftigten. Jedes Jahr sind es andere Mitarbeiter, die sich für dieses Modell bewerben. Durch die höhere Kapazität in der Ferienzeit konnten wiederum mehr Urlaube gewährt werden, so dass die Mitarbeiterzufriedenheit insgesamt gestiegen ist.

Vorteile des Modells

- Bessere Bedarfsdeckung gerade in der Hochsaison
- Ermöglichen von längeren Auszeiten für die Mitarbeiter
- Mehr Urlaube in der Ferienzeit möglich
- Vermeidung von Leerzeiten in der Nebensaison
- Steigerung der Mitarbeiterzufriedenheit und Arbeitgeberattraktivität

9 Fazit

Der Grund für dieses Buch war und ist nicht, die 4-Tage-Woche an sich, sondern den undifferenzierten und weitgehend faktenfreien Hype darum zu kritisieren. Der Hype an sich wäre noch kein Problem, solange diese Diskussion nicht die jeweiligen Filterblasen verlässt. Leider ist nun aber die Situation entstanden, dass Organisationen wie der DGB und die IG-Metall Pauschalforderungen nach einer 4-Tage-Woche erheben und auch die Politik immer mehr darüber diskutiert. Dabei wird ausgeblendet, dass es unterschiedlichste Ausprägungen einer 4-Tage-Woche geben kann, sodass in der öffentlichen Wahrnehmung überwiegend über eine Arbeitszeitverkürzung bei vollem Lohnausgleich debattiert wird.

Nur um dies klarzustellen: Ich würde mir wünschen, dass wir in allen Unternehmen, unabhängig von Größe und Branche, gute Löhne, sozialverträgliche Arbeitszeiten und gute Arbeitsbedingungen hätten. In der Realität muss man sich dies aber leisten können und die Möglichkeiten in den einzelnen Unternehmen sind leider sehr unterschiedlich.

An dieser Stelle müssen wir uns aber auch als Gesellschaft hinterfragen. Mit der nach wie vor in Deutschland vorhandenen »Geiz ist Geil«-Mentalität kommen wir nur bedingt weiter. Solange wir eine kostenlose Same-Day-Lieferung erwarten, die Flüge möglichst billig sein sollen, die Krankenkassenbeiträge nicht steigen dürfen, müssen wir uns auch nicht wundern, dass die Arbeitsbedingungen und das Gehaltsniveau in den jeweiligen Branchen nicht allzu gut sind.

Außerdem sind wir keine Insel und stehen mit vielen Ländern im direkten Wettbewerb, in denen die Löhne und Arbeitsbedingungen deutlich schlechter sind als bei uns. Insofern bringt es uns auch nicht weiter, wenn wir alle eine 4-Tage-Woche haben, unsere Unternehmen dann wahlweise insolvent werden oder ihr Geschäft in andere Länder verlagern.

Die 4-Tage-Woche als solche kann unter bestimmten Voraussetzungen und in bestimmten Branchen funktionieren und es liegt auch auf der Hand, dass damit viele positive Effekte verbunden sind, wodurch es für die einzelnen Unternehmen einfacher wird, Mitarbeiter zu halten und neue Bewerber zu rekrutieren. Wie groß diese Effekte sind, hängt aber sehr stark von der jeweiligen Umsetzung und Ausgestaltung dieses Modells ab.

Die größten Effekte sind wohl bei einer Arbeitszeitverkürzung mit vollem Lohnausgleich zu erwarten. Diese Effekte wurden durch die Studien von Microsoft in Japan, den öffentlichen Dienst in Island oder auch von der UK-Studie bestätigt. Wenn Unternehmen die in diesem Buch geschilderten Voraussetzungen haben, spricht nichts dagegen, auf eine 4-Tage-Woche umzustellen. Das dürften vor allem eher kleinere Unternehmen aus Branchen wie der IT-Industrie, dem Handwerk, Dienstleistern, dem öffentlichen Dienst oder generell Unternehmen ohne Schichtbetrieb sein, die sich nicht dem internationalen Wettbewerb stellen müssen. Nicht ohne Grund rekrutieren sich die freiwilligen Teilnehmer an den diversen Studien nahezu ausschließlich aus diesem Kreis.

Deshalb und auch aufgrund gewisser methodischer Mängel sind die Ergebnisse dieser Studien eben nicht auf alle Unternehmen übertragbar, wie es in der Presse vereinfacht dargestellt wird. Gerade Unternehmen, die bereits sehr effizient sind, weil sie dem globalen Wettbewerb ausgesetzt sind, dürften sich mit dem überall erwarteten Modell der 4-Tage-Woche mit Arbeitszeitverkürzung bei vollem Lohnausgleich sehr schwertun. Darüber hinaus ist in der öffentlichen Debatte untergegangen, dass sowohl in Island als auch in der UK die Unternehmen faktisch die Arbeitszeit nur auf ca. 36 Stunden bei 4,5 Arbeitstagen gesenkt hatten, weshalb der Titel 4-Tage-Woche eigentlich ein Etikettenschwindel ist. Um es noch drastischer zu formulieren: In Deutschland wird von Befürwortern der 4-Tage-Woche flächendeckend damit argumentiert, dass Studien eindeutig gezeigt hätten, dass es keinen Grund gibt, die 4-Tage-Woche nicht einzuführen, da klar bewiesen wurde, dass dies zu zufriedeneren Mitarbeitern führt, die Produktivität gesteigert wird und sogar automatisch Umsatzwachstum entsteht. Das Problem ist nur, dass die Studien

- wie die Microsoft Japan-Studie, sich auf ein Ausnahmeunternehmen wir Microsoft beziehen, das gerade in Japan bis dato ein Arbeitszeitkultur hatte mit weit über 40 Stunden Anwesenheit,
- wie die Island-Studie, sich überhaupt nicht mit der 4-Tage-Woche beschäftigen, sondern mit einer Arbeitszeitverkürzung von 40 auf 36 Stunden,
- wie die UK-Studie hinsichtlich Teilnehmer und statistischer Relevanz überhaupt nicht verallgemeinerbar sind.

Auch die 151 Umsetzungsbeispiele in dem Buch »4-Tage-Woche«[36] beziehen sich ausschließlich auf Unternehmen, die die Voraussetzungen dafür haben und in denen überwiegend Varianten der 4-Tage-Woche umgesetzt wurden, die nicht der allgemeinen Erwartungshaltung 32-Stunden bei vollem Lohnausgleich entsprechen. Man muss sich klar machen, dass der gesamte Hype momentan hauptsächlich auf diesen 4 absolut nicht repräsentativen und verallgemeinerbaren Quellen basiert.

Allerdings zeigen die Studien auch deutlich auf, dass eine Arbeitszeitverkürzung, sofern sie zu einer Entlastung führt, einen sehr positiven Einfluss auf Fluktuations- und Krankenquoten haben kann. Daher sollten gerade Unternehmen im Schichtbetrieb

---

36   4-Tage-Woche, Martin Gaedt

mit hohen Wochenarbeitszeiten und Krankenquoten über eine Arbeitszeitverkürzung nachdenken. Mit entsprechenden Flexibilisierungskonzepten können Leerzeiten vermieden werden. Außerdem haben die Studien deutlich aufgezeigt, dass man bei geringerer Belastung mit weniger Krankheitsausfällen rechnen darf. Unter diesen Bedingungen ist eine moderate Arbeitszeitverkürzung von bis zu 10 % und ggf. sogar mehr bei vollem Lohnausgleich ohne Produktivitätsverlust mehr als realistisch.

Die 4-Tage-Woche ist aus verschiedenen in diesem Buch erläuterten Gründen in administrativen Bereichen einfacher umzusetzen als in operativen Bereichen mit Schichtbetrieb. Nachdem aber gerade in den letzten Jahren die administrativen Bereiche mit vielen New Work-Konzepten bespaßt wurden, wäre es nun ein fatales Signal, jetzt wieder dort die 4-Tage-Woche umzusetzen, während es in den operativen Bereichen nicht funktioniert.

Im Gegenteil sollte man darüber nachdenken, ob man durch gezielte Arbeitszeitverkürzung in den operativen Bereichen ein Gegengewicht zur Homeoffice-Möglichkeit in den White-Collar-Bereichen schafft. Denn wer in einem guten kulturellen und vertrauensbasierten hybriden Umfeld zeitlich und örtlich flexibel und selbstbestimmt 40 Stunden arbeiten kann, ist evtl. zufriedener als jemand, der zwar »nur« 4 Tage arbeiten muss, dafür aber seine Arbeitszeit unflexibel in einer Misstrauenskultur ableistet.

Die eigentlichen Themen für Arbeitgeber sind daher flexible Arbeitszeiten und eine Unternehmenskultur, in der man sich wohlfühlt. Denn in einem toxischen Unternehmensumfeld wird es auch die 4-Tage-Woche nicht richten. Jedes Unternehmen benötigt den Freiraum, für sich individuelle Lösungen zu finden und Unternehmen, die nicht danach suchen, wird der Arbeitsmarkt ohnehin bestrafen.

Gerade in der UK-Studie und der Island-Studie wurde ein weiter Bereich an Arbeitszeitflexibilisierungsmaßnahmen unter dem Label 4-Tage-Woche umgesetzt, die genau genommen keine 4-Tage-Woche waren.

Mit der in Deutschland eigenen Gründlichkeit laufen wir aber nun Gefahr, dass die oberflächliche Berichterstattung zur 4-Tage-Woche uns eine verbindliche 4-Tage-Woche ohne diese Flexibilitätsmöglichkeiten einbrockt. Das gilt es zu verhindern.

Solange die 4-Tage-Woche eine Option von vielen ist, zwischen denen Unternehmen und Arbeitnehmer wählen können, ist sie absolut eine Bereicherung. Wird sie zum Zwang, kann sie schnell für alle Beteiligten zur Last werden, denn Vielfalt ist immer besser als Einfalt.

Anhang

Über den Autor

Guido Zander ist Diplom-Wirtschaftsinformatiker und seit 1995 im Thema Arbeitszeit und Workforce Management aktiv.

Seit 2005 ist er geschäftsführender Partner bei der SSZ Beratung, dem Spezialisten, wenn es um Beratung für Arbeitszeit, Workforce Management, Personalbedarfsermittlung und vielem mehr geht. In dieser Rolle hat er branchenübergreifend weit über 200 Kunden vom kleinen Mittelständler bis zu diversen Dax-Konzernen im deutschsprachigen Raum beraten.

Als Vordenker ist er gefragter Keynote Speaker in den Themen Arbeitszeit und Zukunft der Arbeit. Das von ihm und seinem Partner Dr. Burkhard Scherf geschriebene Fachbuch »NEW WORKforce Management – Arbeitszeit und Personaleinsatzplanung human, wirtschaftlich und kundenorientiert gestalten« gilt als das Standardwerk für Arbeitszeit im deutschsprachigen Raum.

Darüber hinaus veröffentlicht er regelmäßig Content auf LinkedIn, ist gefragter Experte bei Medien wie z. B. Spiegel-Online und dem Handelsblatt und veröffentlicht regelmäßig Artikel in diversen HR-Zeitschriften.

Im Juli 2023 wurde er vom Personalmagazin als einer der 40 führenden HR-Köpfe ausgezeichnet.

Danksagung

Mein erster Dank geht an Sie, liebe Leserinnen und Leser. Wenn Sie dies hier lesen, gehe ich davon aus, dass Sie tapfer durchgehalten haben. Ich hoffe, ich konnte dazu beitragen, dass Sie sich faktenbasiert und fundiert an Diskussionen zum Thema Arbeitszeitflexibilisierung im Allgemeinen und der 4-Tage-Woche im Besonderen beteiligen können und allgemeinen Totschlagargumenten, wie »die Studien haben ja eindeutige bewiesen, dass die 4-Tage-Woche überall funktioniert« fundiert entgegentreten können.

Das Schreiben eines Buches ist immer eine Gemeinschaftsleistung. Daher möchte ich es nicht versäumen, allen zu danken, die mich bei der Entstehung dieses Werkes unterstützt und begleitet haben. Angefangen bei meinem langjährigen Geschäftspartner Dr. Burkhard Scherf, der mich mit seinem untrüglichen analytischen Blick vor einigen Fehlern bewahrt hat und der vor allem – im Gegensatz zu mir – die Originalstudie aus Island im Internet gefunden hat. Ist aber auch vertrackt, wenn man nach »4-Tage-Woche Island« sucht und die Studie nichts mit der 4-Tage-Woche zu tun hat …

Darüber hinaus möchte ich unserem Team bei SSZ danken, denn unsere Beratungsprojekte sind immer Teamwork. Daher sind auch die im Buch vorgestellten Beispiele für flexible Arbeitszeitmodelle immer im Team und nicht von mir allein erarbeitet worden. Ohne Eure tolle Arbeit in den Projekten hätte ich nicht den Freiraum für Vorträge oder das Schreiben von Artikeln oder sogar Büchern!

Außerdem möchte ich mich bei dem Haufe-Team bedanken. Zuerst bei Dr. Bernhard Landkammer, der das Projekt von Anfang an massiv unterstützt und vorangetrieben hat. Weiter geht es mit Jessica Sonnenberg, die ebenfalls gleich Feuer und Flamme war und PR-seitig alles Notwendige in die Wege geleitet hat und Last but not Least bei Ulrich Leinz, durch dessen Lektorat das Buch qualitativ auf ein höheres Level gehoben wurde.

Abschließender Dank gilt an Winfried Felser, Mr. Network himself, der mal wieder in seinem Netzwerk gezaubert hat. Und ganz zum Schluss noch ein spezieller Dank an Thomas Sattelberger und Cawa Younosi, die mein Buch mit Ihren Vorworten bereichert haben.

Literaturverzeichnis

Alda, »Association for Democracy and Sustainability Going Public: Island's Journey to a shorter Working Week«, 2021, https://autonomy.work/wp-content/uploads/2021/06/ICELAND_4DW.pdf, abgerufen am 07.06.2023, 14:00 Uhr

Autonomy Research Ltd »The Results are in: The UK's Four-Day Week Pilot«, Seite 23 (https://autonomy.work/wp-content/uploads/2023/02/The-results-are-in-The-UKs-four-day-week-pilot.pdf), abgerufen am 09.06.2023

Business Insider: Microsoft Japan hat die 4-Tage-Woche getestet, https://www.businessinsider.de/karriere/arbeitsleben/microsoft-japan-4-tage-woche-40-prozent-produktiver-2019-11/, Abruf 30.04.2023, 13.51 Uhr

Die Zeit: Die Viertagewoche könnte auch in Deutschland funktionieren, https://www.zeit.de/arbeit/2021-07/island-4-tage-woche-reduktion-arbeitszeit-politikwissenschaftler-jack-kellam?utm_referrer=https %3A %2F %2Fduckduckgo.com %2F, abgerufen am 07.06.23 um 15:15 Uhr

Gaedt, Martin, »4-Tage-Woche«, 2023, Provotainment GmbH

IMD World Competitiveness Yearbook 2022, Digital 2022, Country Profile China, https://www.google.com/url?sa=i&rct=j&q=&esrc=s&source=web&cd=&cad=rja&uact=8&ved=0CAIQw7AJahcKEwjwvY22_LX_AhUAAAAAHQAAAAAQAw&url=https %3A %2F %2Fwww.imd.org %2Fglobalassets %2Fwcc %2Fdocs %2Fwco %2Fpdfs %2Fcountries-landing-page %2Fcn.pdf&psig= AOvVaw2Et53HkPbMQ8Tzyeahc7NQ&ust=1686392679250839, Abruf 09.06.11:52 Uhr

IMD World Competitiveness Yearbook 2022, Digital 2022, Country Profile Germany, https://www.imd.org/uupload/IMD.Wcc/PDFSource/DE.pdf, abgerufen am 09.06.2023, 11:44 Uhr

Länderdaten: Durchschnittliches Einkommen weltweit, https://www.laenderdaten.info/durchschnittseinkommen.php, abgerufen am 28.04.2023

Markus Meyer et. Al: Krankheitsbedingte Fehlzeiten in der deutschen Wirtschaft im Jahr 2018, 2019

Merkur: Island führt Vier-Tage-Woche ein – jetzt steht das Ergebnis des Modellprojekts fest https://www.merkur.de/leben/karriere/island-fuehrt-tage-woche-ein-ergebnis-modellprojekt-erfolg-arbeitszeitverkuerzung-zr-90847387.html, abgerufen 07.06.2023 15:22 Uhr

Mit Pflege leben: Buurtzorg: flexible Pflege durch selbstorganisierte Teams, https://mitpflegeleben.de/pflege/professionelle-pflege-ambulante-dienste-und-stationaere-einrichtungen/ambulante-pflege-pflegedienste/buurtzorg/, abgerufen am 05.06.2023, 11:30 Uhr

Rheingans, Lasse: Die 5-Stunden-Revolution, 2019, Frankfurt, Campus Verlag

Scherf / Zander, »NEW WORKforce Management – Arbeitszeit und Personaleinsatzplanung human, wirtschaftlich und kundenorientiert gestalten«, 2021, Norderstedt, Books on Demand

Statista, https://de.statista.com/statistik/daten/studie/1929/umfrage/unternehmen-nach-beschaeftigtengroessenklassen/, abgerufen am 05.06.2023, 11:20 Uhr

Statistisches Bundesamt, Anteil Mitarbeiter in kleinen und mittleren Unternehmen https://www.destatis.de/DE/Themen/Branchen-Unternehmen/Unternehmen/Kleine-Unternehmen-Mittlere-Unternehmen/aktuell-beschaeftigte.html, abgerufen am 05.06.2023, 11:20 Uhr

Statistisches Bundesamt, Erwerbspersonenvorausberechnung, 2020, https://www.destatis.de/DE/Themen/Arbeit/Arbeitsmarkt/Erwerbstaetigkeit/_inhalt.html#_ord4i7tw1, abgerufen am 09.06.2023, 19:33 Uhr

t3n: 4-Tage-Woche in Island: 5 Fakten, mit denen Kritiker klarkommen müssen https://t3n.de/news/4-tage-woche-island-fakten-studie-1390228/, abgerufen am 07.06.23, 15:19 Uhr

Wiwo: So funktioniert die 4-Tage-Woche in Island, https://www.wiwo.de/erfolg/beruf/arbeitszeit-reduzieren-so-funktioniert-die-4-tage-woche-in-island/27406908.html, abgerufen am 07.06.2023, 15:30

Wikipedia: Liste der Länder nach Arbeitszeit, https://de.wikipedia.org/wiki/Liste_der_L%C3%A4nder_nach_Arbeitszeit, abgerufen am 28.4.2023, 13:13 Uhr

Stichwortverzeichnis

0-9

3-Schicht-Plan 76
4-Tage-Woche mit Arbeitszeitverkürzung –
mit bzw. ohne Lohnausgleich 37
4-Tage-Woche mit Arbeitszeitverkürzung
ohne Lohnausgleich 39
4-Tage-Woche mit Arbeitszeitverkürzung
und mit Lohnausgleich 39
4,x-Tage-Woche 111
5-Stunden-Tag 101
35 Stunden 84

A

Aktuelle Wochenarbeitszeit 23
Ankündigungsfrist für einen Schicht- oder
Dienstplan 90
Arbeitgeberattraktivität 40
Arbeit menschlicher machen 98
Arbeitsflexibilisierung 69
Arbeitszeitflexibilisierung 91
Arbeitszeitflexibilisierung durch Arbeitszeit-
verkürzung 100
Arbeitszeitreduktion 22, 23
Arbeitszeitverdichtung 21, 37, 38, 40
Arbeitszeitverkürzung 40, 72
Ausgangsproduktivität 30, 48, 55, 74
Ausschlafen statt freier Tag 79
Automatisierung von Anlagen 97

B

Bedarfstyp 25, 48, 55, 73
Betriebszeit 28, 48, 55, 73

D

Dauer und Lage der Arbeitszeit 90
Dienstplan 90

E

Eight-to-Six 21
Energiebedarf 43
Erwerbsquote von Frauen 42

F

Fachkräftemangel 41, 69
Fertigungsinseln 107
Fertigungsinseln (Beispiel) 81
Fertigwarenpuffer (Beispiel) 81
Fixer Bedarf 26
Flexibilität (Definition) 89
Flexibilität der Arbeitnehmer 83
Flexibilität der Unternehmen 83
Flexibilitätsbedarfsanalyse 93
Flexible Arbeitszeit 112
Flexible Arbeitszeit mit Fertigungs-
inseln 107
Flexible Arbeitszeitverkürzung 75
Flexshift-Work© 106
Frauenerwerbsquote 42
Freier Tag 28

G

Geistige Überlastung 30
Gender-Pay-Gap 42
Gleitzeit 71, 90, 100
Größe des Unternehmens 32, 48, 56, 74

H

Hauptsaison 113
Homeoffice 104

K

Kapazitätsanalyse 92
Konzentration 102
Körperliche Belastung 109
Körperliche Überforderung 29
Kostenanteil der Arbeitnehmer 23
Kostenanteil des Arbeitgebers;>;><;<;Stun-
denreduktion 23
Krankenquote 39
Kreativarbeit 102
Kündigung bei 40- und bei 35-Stunden-Wo-
che (Beispiel) 84

L

Langfristige Flexibilität 91
Lebensphasen 87
Lohnausgleich, ohne 23
Lohnausgleich, voller 21, 22

Lücken sind Voraussetzung für Flexibilität 84

M
Materialpuffer 108
Mentale Belastung 109
Mischformen 23
Mitarbeiterentscheidung 110
Mitarbeiterzufriedenheit 38

N
Nachtschicht 77
Nebensaison 113
NEW WORKforce Management 95
Nine to Five 90

O
Öffnungs- bzw. Betriebszeit 28, 48, 55, 73
Öffnungszeit und flexibler Bedarf – Beispiel 26
One-Size-Fits-All 86
Onlinemeeting 104

P
Personalbedarfsermittlung 107
Personalbereich 101
Pflegedienst 112
Pflegeeinrichtung 103
Pilotierung 95
Platzbedarf (Beispiel) 82
Produktivität der Mitarbeiter 37
Produktivitätssteigerung 101, 103
Profitabilität 31, 48, 55, 74

S
Sabbatical (Beispiel) 85
Saison-Flex-Modell© 112
Samstagsschicht 109
Schichtarbeit 71
Schichtbetrieb 76
Schichtbetriebe – Beispiel 27
Schichtlänge 110

Schichtplan 90
Schichtverlängerung 109
Schweregrad der Tätigkeit 29, 48, 55, 74
Souveränität 104
SSZ-Modell 104
Studie Island 49
Studie Microsoft Japan 47
Studie UK-Studie 57

T
Tätigkeitsarten 25
Teilkontinuierlich 27
Teilnehmer der UK-Studie 59
Teilzeit ohne Lohnausgleich 104

U
Urlaubsanspruch, Praxistipp 23

V
Variabler Bedarf 25
Variable Schichtlängen 100
Variable Tagesarbeitszeit 110
Variable Wochenarbeitszeit 110
Verfügbarkeit der Mitarbeiter 90
Vertrauensarbeitszeit 71, 93
Vertrauensarbeitszeitmodell 104
Vollkontinuierlich 27
Vollkontinuierlicher Schichtplan 79

W
Wettbewerbssituation 33, 49, 56, 74
Wochenarbeitszeit 32, 48, 56, 74
Wochenauslastung 110
Workforce-Management-Systeme 97
Wünsche der Mitarbeiter 90

Z
Zeitkonto 93
Zielmodell 94
Zielwochenarbeitszeit 23

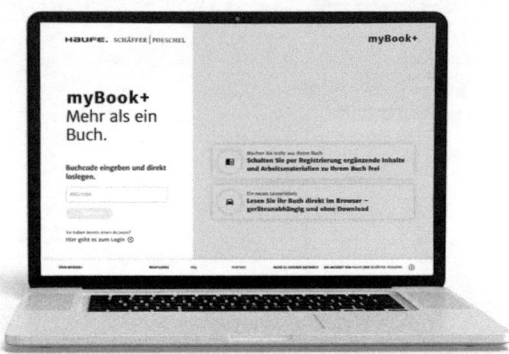

Ihre Online-Inhalte zum Buch: Exklusiv für Buchkäuferinnen und Buchkäufer!

▶ **https://mybookplus.de**

▶ Buchcode: `LDR-85471`